원자력 재난을
막아라

"NUCLEAR ENERGY: WHAT EVERYONE NEEDS TO KNOW, FIRST EDITION"
was originally published in English in 2012. This translation is published by arrangement with Oxford University Press.

원자력에 대해 알아야 할 모든 것

원자력 재난을 막아라

찰스 D. 퍼거슨 지음 · 주홍렬 옮김

NUCLEAR ENERGY

WHAT EVERYONE NEEDS TO KNOW

서문

우리는 왜 원자력에 대해 관심을 가지고 배워야 하는가?

많은 사람들이 기후변화에 대해 우려하고 있다. 기후변화는 온실가스 배출의 증가로 일어났을 가능성이 농후하다. 물론 에너지 기술만으로 이 문제를 온전히 해결할 수는 없지만, 원자력 에너지는 극히 작은 양의 온실가스를 배출하기 때문에 기후변화 문제를 해결하는 데에 중요한 역할을 할 수 있다. 원자력은 오늘날 전 세계 전기 생산 중 상대적으로 작은 부분을 담당하고 있지만, 생산단가 경쟁력을 고려하면 엄청난 양의 상업전력을 제공할 수 있는 잠재력을 가지고 있다. 이 때문에 원자력은 세계적으로 안정적인 에너지 공급에 대한 우려가 높아지고 있는 상황에서 이러한 우려를 완화시킬 수 있는 에너지원으로 높이 평가되고 있다.

그러나 원자력은 이러한 장점과 함께 위험 요소도 안고 있다. 1979년의 쓰리마일 아일랜드(Three Mile Island) 그리고 1986년의 체르노빌(Chernobyl) 사고 이후 원자력발전소의 안전이 상당히 향상된 것은 사실이다. 하지만 기존의 발전소 중 다수가 노후화되었고, 새로 건설하려는 나라들도 늘어나고 있다. 2011년 일본 후쿠시마 다이치(Fukushima Daiichi) 원자력발전소 사고는 지진과 쓰나미 같은 자연재해에도 대비하고 있어야 한다는 것을 여실히 보여 주었다. 원자력발전소 종사자들 사이에서는 안전을 최우선으로 여기는 문화가 형성되어 있지만, 공공의 영역에서는 원자력 발전의 잠재적 취약성이 드러날 경우 이에 반대하는 사람들로부터 공격을 받을 수 있다는 이유로 원자력 안전이라는 이슈가 수십 년 동안 그늘에 묻혀 있었다. 2001년 911 테러가 발생하고, 이어 테러 위협이 잇따르자 세계 각국의 정부와 원자력발전소 운영기관들은 경계를 강화하기 시작하였다. 테러리스트들이 원자력 설비를 공격할 경우 그간의 주요한 원전 사고 못지않은 치명적인 피해가 발생할 수 있기 때문이다. 또한 산업용 원자력 기술이 무기 제조 등에 오용되면 핵무기가 전 세계적으로 확산될 수도 있다. 마지막으로 공공의 이익과 환경 보존을 위하여 어떻게 원자력 폐기물을 처리하고 수천 년 동안 관리해야 할 것인지의 문제도 있다.

나는 이 책을 통해 물리학자이자 미국 국무부의 원자력 정책에 관여하였던 경험을 살려 원자력의 장점과 위험을 이해하기 쉽게 그리고 확실한 근거를 가지고 설명할 것이다. 우선 원자력에 관한 기초과학을 소개하고 에너지 안전 강화, 발전소 재원 마련, 기후 변화에 대한 싸움, 원자력 무기 확산의 방지, 인재 또는 자연재해로부터의 원자력 설비 보호, 설비의 안전 강화, 원자력 발전 폐기물 관리, 지속가능한 에너지 시스템 창안과 관련된 핵심 이슈들을 살펴보고자 한다.

옮긴이의 글

우리나라는 세계 5위의 원자력 전기 생산국으로서 4곳의 원자력발전소(고리, 한빛, 월성, 한울)에서 23기의 원자로를 가동 중이다. 핵분열에 의한 열로 발생시킨 수증기로 터빈을 돌려 전기를 생산하는 원자력 발전은 화석 연료와 천연 에너지 자원이 부족하여 에너지의 96%를 수입하는 우리나라에는 매우 이상적인 에너지원으로 보인다.

하지만 원자력 발전은 양날의 칼이다. 원자력발전소는 우라늄 1킬로그램으로 석탄 260만 톤 또는 석유 90만 리터에 해당하는 발전이 가능하여 전력 생산비용이 저렴하고 지구 온난화의 주요 원인인 온실가스를 거의 방출하지 않는다. 그러나 소련의 체르노빌 원자력발전소와 일본의 후쿠시마 원자력발전소와 같은 초대형 사고가 발생할 우려가 있고, 방사성 폐기물에 의한 환경오염 및 인체 피해에 대한 염려도 매우 크다.

원자력발전소의 사고 위험이 매우 낮은 것은 잘 알려진 사실이나, 인간이 만든 것이기에 100% 안전할 수는 없다. 사람들의 사소한 탐욕으로 큰 사고가 발생할 수 있으며, 사고가 발생하면 모든 것이 사라지는 대형 사고일 뿐 아니라 누구도 해결책을 제시하기 어렵다. 절대적으로 안전하다고 믿는 순간 대형 사고가 발생한 예는 무수히 많았다. 특히 수백 년에서 수만 년까지 방사선이 방출되는 원자력 사고는 그 피해가 미래 세대에도 지대한 영향을 미칠 수 있으므로 사고 방지에 최선을 다하여야 한다.

나는 원자력에 대한 대중의 이해를 높이고 발생 가능한 방사능 피해를 사전에 방지하기 위한 목적으로 이 책을 번역하였다. 대중들이 원자력에 대한 막연한 공포나 근거 없는 신뢰를 가지는 것이 아니라 원자력에 대해 올바로 이해함으로써 원자력을 안전하게 이용하여 미래 세대에게 건강한 생태계를 물려주는 데 조금이나마 기여할 수 있으면 좋겠다. 이 책이 원자력의 장점과 위험성을 스스로 판단하고 우리나라가 직면한 원자력 관련 논쟁에서 합리적인 방안을 창출하여 안전제일 대한민국을 만들어 가는 데 도움이 되기를 기대한다.

2014년 신촌골 무악에서
주홍렬

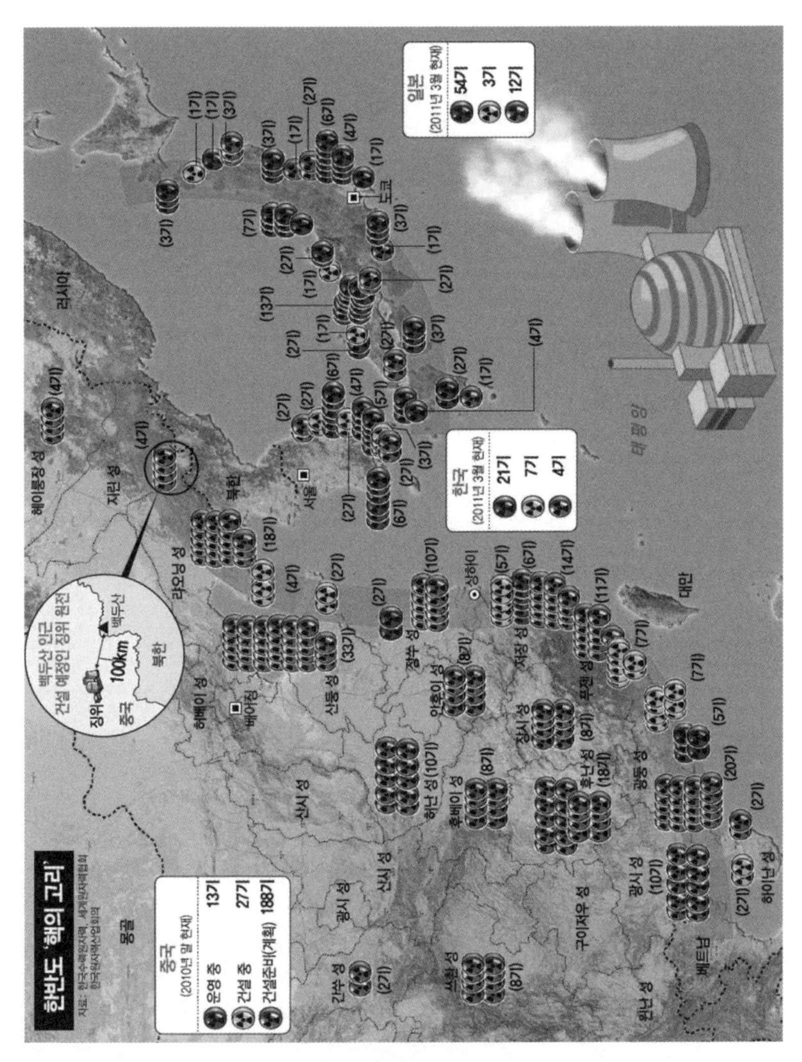

우리나라와 주변 국가의 원자력발전소 운영 현황
(자료: 한국수력원자력, 세계원자력협회 한국 원자력산업회의)

차례

3장 · 기후 변화

4장 · 핵확산

5장 · 안전

1장

기본 법칙

Q

에너지와 파워란 무엇인가?

과학에서 에너지(energy)와 파워(power)는 다른 개념이지만 서로 연결되어 있다. 즉 에너지의 변화율이 파워이다.

에너지는 일을 할 수 있는 능력이다. 예를 들어 아래 지점에서 위 지점으로 벽돌 같은 물체를 들어 올리는 일을 생각해 보자. 벽돌공의 몸은 벽돌을 움직이기 위해 음식에서 얻은 화학에너지를 근육의 운동에너지로 전환시킨다. 그러면 근육은 벽돌을 들어 올리는 일을 한다. 이 모든 과정에서 에너지는 생성되거나 파괴되지 않고 단지 한 형태에서 다른 형태로 변환되었을 뿐이다. 따라서 에너지란 우주의 기본적인 요소라고도 생각할 수 있다.

또 다른 기본 요소인 물질은 우리의 몸, 지구, 별, 기타 우주의 모든 물체의 기본 구성단위인 원자들의 집합체이다. 이 책에서도 살펴보겠지만, 핵에너지는 물질이 에너지로 변환하면서 발생한다. 비유적으로 물질을 '얼어 있는 에너지'로 생각할 수 있는데, 이 얼어 있던 에너지가 핵반응 과정에서 녹아 사람들이 일을 하는 데 사용할 수 있는 에너지로 방출되는 것이다.

에너지와 물질의 총량은 우주 내에서 보존된다. 이것은 벽돌 이동을 시작할 때 존재하는 에너지와 물질의 양이 벽돌 이동을 마친 후의 이들의 양과 같음을 의미한다. 서로 다른 형태의 물질과 에너지 사이의 변환도 끊임없이 일어난다. 흔히 일상생활에서 우리는 에너지를 '소비하고' '생산하는' 것처럼 말하는데, 이것은 부정확한 말이다.

파워는 에너지가 한 형태에서 다른 형태로 변화하는 변화율이다. 변화율은 어떤 것이 시간이 지나면서 얼마나 빨리 혹은 느리게 변화하는지를 나타낸다. 따라서 파워는 에너지를 시간으로 나눈 것과 같다. 예를 들면 100와트(watt) 크기의 전구를 켜기 위해서는 초당 100줄(Joule)의 전기에너지를 공급해야 한다. 줄은 물리학자들이 이용하는 일반적인 에너지 단위이다. 물리학자 울프슨(Richard Wolfson)이 보여 준 바와 같이, 보통 힘을 가진 사람이 발전기와 연결된 수동 크랭크를 열심히 돌리면 100와트 전구의 불을 밝힐 수 있다. 낮과 밤을 평균해 보면 농업, 산업, 가정, 정부, 교통에 이용되는 파워를 포함해서 미국 시민 한 사람이 약 10,000와트의 파워를 이용한다. 이것은 평균적인 미국인 한 사람이 크랭크 손잡이를 돌리는 100명에 맞먹는 '에너지 하인'을 필요로 하는 것에 해당한다. 반면에 유럽인은 미국 사람이 사용하는 파워의 절반 정도를 사용한다.

와트는 전구에는 유용한 단위이지만 가정용 전기 파워(전력)를 측정하는 데는 킬로와트(kilowatt) 단위를 주로 사용하고, 발전소의 용량을 표시하는 데는 메가와트(megawatt) 단위를 사용한다. 킬로(kilo)는 '천'을 의미하고 메가(mega)는 '백만'을 뜻한다. 대형 원자로는 최소 1,000메가와트의 전력을 생산한다. 이 양은 1기가와트(gigawatt)로 표현할 수 있으며, 기가는 '십억'을 의미한다. 전기 고지서에 표시되어 있는 에너지 사용량의 단위인 킬로와트시(kWh)는 시간당 킬로와트(kilowatt-hour)를 나타낸다. 킬로와트시는 파워 단위(킬로와트)를 시간 단위(시간)로 곱한 것이므로 에너지 단위이다(파워는 에너지를 시간으로 나눈 것이다.). 가솔린 1갤런이 가진 화학에너지가 약 40킬로와트시임을 기억하면 킬로와트시의 크기를 가늠할 수 있다.

이 책에서는 '핵에너지'와 '핵파워' 두 용어를 원자력이라는 의미로 사용할 것이다. 하지만 에너지와 파워는 상호 연관되어 있어도 다른 개념임을 명심하도록 하자.

Q

우리가 사용하는 대부분의 에너지는 핵에너지인가?

사람들이 사용하는 대부분의 에너지가 핵에너지에서 왔다는 주장은 의아하게 들릴 수도 있지만 원칙적으로 옳은 말이다. 이 책은 사람들이 핵분열과 핵융합—핵에너지의 직접적인 두 원천—을 통해 이용하고 있는 원자력에 초점을 맞추고 있지만, 전 세계 에너지의 대부분이 태양에너지로부터 오고 이 태양에너지가 핵융합에서 발생하는 에너지라는 것을 깨달을 필요가 있다.

오늘날 사용되는 대부분의 에너지원은 석탄, 석유, 천연가스 등의 화석연료이다. 화석이라는 말이 함축하고 있듯이 이들은 먼 옛날에 만들어진 오래된 에너지원이다. 이 에너지원들은 선사시대 동물과 식물들 같은 고대 생물들이 부패하여 만들어졌다. 살아 있는 생명체들은 주로 수소, 탄소, 산소 성분으로 이루어져 있다. 수소와 탄소는 화학결합을 통해 다양한 탄화수소 화합물을 형성한다. 가장 간단한 탄화수소 화합물은 하나의 탄소 원자와 4개의 수소 원자가 결합해서 만들어진다. 이 화합물이 천연가스의 주성분인 메테인이다. 더 긴 수소와 탄소 체인은 석유와 석탄을 만든다. 죽은 생명체 내의 수소와 탄소는 지질학적인 힘에 의하여 가열되고 압력을 받아 화석연료로 변환되고, 이 화석연료는 채굴과 시추를 통해 사람들이 사용하게 된다.

화석연료는 원자력과 무슨 관계가 있는가? 고대 식물들도 광합성을 통해 자랐는데, 광합성은 대기로부터 이산화탄소를 가져오고 태양광을 에너지원으로 이용하는 과정이다. 태양은 태양 내부에서 발생하는 핵융합 에너지로 빛을 생산한다. 태양의 깊숙한 내부에서는 높은 온도와 압력 때문에 수소가 서로 융합해서 수소 다음으로 무거운 원소인 헬륨을 형성한다(온도와 압력이 충분할 경우 핵융합이 가능하다.). 핵융합은 에너지를 방출한다. 핵융합으로 만들어진 에너지가 큰 빛은 결국에는 태양의 표면으로부터 가시광선이나 비가시광선 형태로 방출된다.(태양 표면에서 지구까지 빛이 이동하는 데 걸리는 시간은 약 8.3분이다. 하지만 태양 중심에서 생긴 에너지가 높은 빛은 전하를 가진 입자들과 빈번하게 충돌하여 태양 표면으로 이동하기까지 수만 년이 걸린다.—옮긴이) 이 빛 중에 극히 일부가 지구에 도달한다.

전기를 생성하고, 차량을 움직이며, 열을 제공하기 위하여 우리는 고대의 태양광을 가두고 있는 화석연료뿐 아니라 오늘의 태양에너지를 이용한다. 예를 들어 옥수수나 사탕수수 같은 식물들은 광합성을 통해

성장해 설탕을 생산하고 이 설탕을 발효시켜 승용차와 트럭용 바이오 연료를 만들 수 있다. 또한 태양전지 판과 수증기를 만드는 집광된 태양에너지는 전기를 생산하기 위해 태양을 활용하는 두 가지 방식이다.

바람 역시 태양의 핵융합 에너지에서 비롯된 것이다. 태양광이 지구 표면, 특히 열대지역을 덥히면 이 따뜻한 지역의 공기가 주변 지역의 차가운 공기보다 가벼워져 밀도가 낮아진다. 이 차갑고 더운 공기 사이의 밀도 차로 인해 밀도가 높은 고기압과 밀도가 낮은 저기압이 생긴다. 바람은 고기압에서 저기압으로 부는데, 이런 과정을 통해서 따뜻한 곳의 열을 차가운 곳으로 운반한다. 터빈을 이용하여 전기를 생산하는 데도 바람을 활용할 수 있다.

태양광과 바람은 태양이 빛나는 한 이용가능하기 때문에 재생 가능한 에너지원으로 간주된다. 그리고 태양은 앞으로 50억 년은 더 빛날 것으로 예측된다. 우리는 이용 가능한 태양과 바람 에너지의 극히 일부분만을 이용해 왔다. 또한 지구 내부로부터 나오는 열인 지열에너지는 거의 이용하지 않았다. 지열에너지는 우라늄, 토륨 같은 무거운 원소들의 붕괴에 의하여 발생하는데, 이러한 방사성 원소들의 붕괴 또한 일종의 핵에너지이다.

그렇다면 핵에너지로부터 나오지 않은 에너지원이 있는지 궁금하게 생각하는 사람도 있을 것이다. 대답은 "그렇다."이다. 예를 들어 수력은 흐르는 물을 이용하여 전기를 생산한다. 중력이 이 물의 흐름 뒤에 있는 힘이다. 비슷하게 전기 생산에 이용할 수 있는 조력도 중력으로부터 나온다.

Q

핵에너지의 근원은 무엇인가?

핵에너지의 근원은 핵분열, 핵융합, 방사성 붕괴이다. 핵분열은 특정한 종류의 무거운 원자들이 불안정하게 되어 두 개의 중간 질량 원자로 쪼개지는 것을 말하고, 핵융합은 가벼운 원자들이 결합하여 더 무거운 원자로 되는 것을 말한다. 방사성 붕괴는 불안정한 원자들이 더 안정한 상태가 되기 위하여 에너지를 방출하는 현상이다. 이 세 개의 모든 과정은 강력한 힘들 사이의 상호작용에 의하여 발생하는 것으로, 이때 질량이 에너지로 변환된다.

핵에너지에 대한 우리의 이해는 약 2,400년 전 고대 그리스에서 시작되었다. 그리스 철학자 데모크리토스(Demokritos)는 세상이 자신이 '원자'라고 이름 붙인 쪼갤 수 없는 물질로 이루어졌다고 추측하였다. 현대과학은 실제로 물질이 원자들로 이루어져 있음을 증명하였다. 그리고 이 원자들 역시 쪼개질 수 있다는 것도 알아냈다. 원자의 두 주요 부분은 중심을 이루고 있는 핵과 핵을 둘러싸고 있는 전자구름이다. 핵은 양성자와 중성자 두 종류의 입자들로 구성되어 있다. 양성자는 양전하를 가지는 입자로서 다른 양성자나 음전하를 가진 전자에 힘을 가한다. 이때 서로 다른 부호의 전하를 가지면 서로 잡아당기고, 서로 같은 부호의 전하를 가지면 서로 밀쳐낸다. 이것이 전기적인 인력과 척력이다.

만일 이 전기적인 힘들이 원자를 지배하는 유일한 힘이라면, 핵 내의

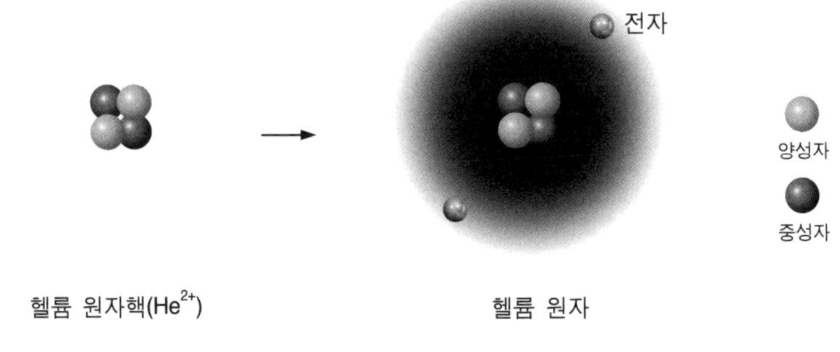

원자 구조(예: 헬륨)

양성자들이 서로를 밀쳐내기 때문에 핵이 분열될 것이다. 하지만 이런 일은 일어나지 않는다. 따라서 핵이 뭉쳐 있게 끌어당기는 강한 힘이 있어야 한다. 이러한 강한 힘을 '강한 핵력(강한 상호작용)'이라고 부른다. 중성자들도 강한 핵력을 느끼고 핵이 같이 뭉쳐진 상태를 유지하도록 돕는다. 하지만 중성자들은 전하가 없기 때문에 전기력을 느끼지 않는다. 핵에너지를 이해하는 핵심은 핵 내의 전기적 반발력과 강한 핵력에 의한 인력 사이의 밀고 당김이다. 밀치는 힘이 당기는 힘보다 셀 경우 핵은 불안정하게 된다. 불안정한 물체는 에너지나 질량 변화에 의해서 더 안정적으로 될 수 있다. 예를 들어 언덕 꼭대기에 있는 공은 언덕 아래에 있는 공보다 덜 안정적이다. 공보다 엄청나게 무거운 지구의 중력이 공을 언덕 아래로 당기는 힘이 더 강하기 때문이다. 따라서 조금만 밀어도 공은 언덕 아래로 굴러가게 된다. 공이 언덕을 굴러서 내려갈 경우 언덕 아래에서 정지하게 된다. 이 공은 중력에너지가 높은 쪽에서 낮은 쪽으로 움직인 것이다. 이것은 낮은 위치가 높은 위치보다 더 안정적임을 의미한다.

핵의 안정성은 핵 내의 양성자와 중성자가 얼마나 강하게 결합하고 있는가에 따라 결정된다. 안정적인 핵은 양성자와 중성자가 강하게 결합되어 있다. 핵 과학자들은 핵의 결합에너지를 측정해서 핵 안정성을 수치로 나타낸다. 핵 안의 양성자와 중성자가 결합되어 있지 않다고 가정하고 양성자와 중성자의 모든 질량을 합산한 다음 핵의 질량을 빼서 안정성을 계산한다. 양성자와 중성자의 질량은 핵 내부보다 외부에 있을 때 항상 큰데, 이런 질량 차이는 중성자와 양성자가 결합할 때 질량 중 미량이 에너지로 변환하기 때문에 생기는 것이다. 이와 같이 에너지와 질량은 정확하게 연관되어 있다. 아인슈타인의 유명한 공식 $E=mc^2$에 의하면 에너지는 질량에 광속의 제곱을 곱한 것과 같다. 광속은 매우 큰 숫자이므로 작은 질량에 광속의 제곱이 곱해지면 엄청나게 큰 숫자가 된다. 즉 매우 큰 결합에너지가 된다. 이런 결합에너지에 대한 지식은 어떻게 핵에너지가 방출되는지를 이해할 수 있게 해 준다.

다음으로 중요한 개념은 원자의 다양한 유형의 핵들이 서로 다른 결합에너지를 가진다는 것이다. 철은 중간 크기 질량을 가진 원소로 가장 강하게 결합된 핵을 가지고 있어서 가장 큰 결합에너지를 가진다. 수소, 헬륨, 리튬 같은 가벼운 원소들의 핵들은 작은 결합에너지를 가진다. 우라늄이나 플루토늄과 같은 무거운 원소들은 철의 핵보다 결합에너지는 작지만 일반적으로 가장 가벼운 원소들의 결합에너지보다는 크다. 이러한 관측에 기반 하여 단단히 결합된 핵을 만드는 데는 두 가지 경로가 있음을 알 수 있다.

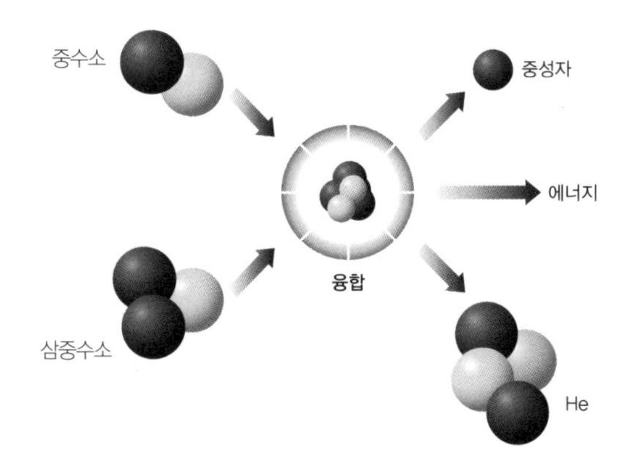

핵융합 과정

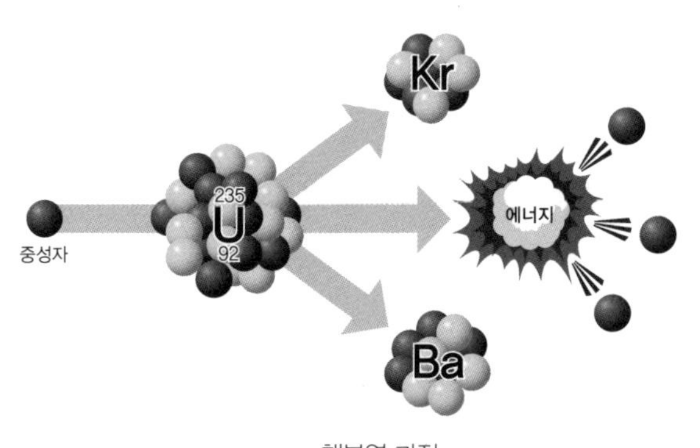

핵분열 과정

첫 번째 방법은 가벼운 핵들을 결합시켜서 보다 무거운—보다 더 강하게 묶인—핵들을 형성하는 것이다. 이때 무거운 핵과 가벼운 핵들 간의 결합에너지 차이만큼 가벼운 핵들의 융합으로 핵에너지가 방출된다. 이 핵융합은 강한 핵의 끌어당기는 힘이 전기적 반발력을 압도하여 가벼운 두 핵을 하나로 묶는 핵반응을 통해서 일어난다. 핵융합 에너지는 반응의 생성물인 무거운 핵과 중성자의 운동에너지, 그리고 눈에 보이지 않는 고에너지 빛인 감마선으로 방출된다.(또한 전하도 없고 거의 질량이 없는 입자인 뉴트리노가 생성되어 이 핵융합에너지의 극히 일부를 가져간다. 이 뉴트리노는 물질과 매우 약하게 상호작용하기 때문에 뉴트리노 에너지는 모을 수 없고 전기 발전과 같은 생산적인 일에 쓸 수도 없다.)

핵에너지를 방출하는 두 번째 방법은 약하게 결합된 무거운 핵들을 쪼개어 좀 더 강하게 결합된 중간 질량 핵들로 만드는 것이다. 특히 무거운 핵은 두 개의 중간 질량 핵들로 쪼개지면서 두세 개의 중성자를 방출한다. 이 중간 질량 핵들을 '핵분열 생성물'이라고 부른다. 중간 질량 핵들과 무거운 핵 사이의 결합에너지 차이가 핵분열 에너지로 방출된다. 분열이란 어떤 물체가 두 개 또는 그 이상의 부분으로 쪼개지는 것을 의미한다. 특정 종류의 무거운 핵에서 자발적으로 핵분열이 일어날 확률이 약간 있기는 하지만, 일반적으로 핵분열은 언덕 위의 공을 살짝 밀면 언덕 아래쪽으로 잘 굴러가는 것처럼 중성자의 흡수에 의해 촉발된다. 이 중성자 흡수에 의하여 핵이 진동을 하고 그런 다음 분열한다. 핵융합 반응과 같이 핵분열 반응에서도 핵에너지는 핵분열 생성물과 중성자의 운동에너지 그리고 감마선에너지로 방출된다.(뉴트리노도 역시 생성되며 약간의 핵분열 에너지를 가지고 있지만 핵융합의 경우와 같이 뉴트리노는 전기를 생산하는 데는 사용할 수 없다.)

핵물리학자들은 이론 연구와 실험을 통해 핵 안에 있는 양성자와 중성자 수의 합이 홀수인 원자 질량 단위를 가진 무거운 핵에서 핵분열이 쉽게 일어난다는 것을 발견하였다. 예를 들어 우라늄-235 원자의 핵은 92개의 양성자와 143개의 중성자를 가진다. 각각의 양성자와 중성자는 1 원자질량을 가지므로 우라늄-235는 235 원자질량 단위를 가진다. 우라늄-235는 상대적으로 핵분열이 쉽기 때문에 '핵분열성 물질'로 알려져 있다. 다른 핵분열성 물질로 아메리슘-241, 플루토늄-239가 있다. 반면에 토륨-232, 플루토늄-238, 우라늄-238과 같이 짝수 원자질량 단위를 가진 핵들은 분열하지는 않지만 중성자를 흡수하면 이들도 홀수 원자질량 단위가 되기 때문에 핵분열성 물질이 된다. 이 변환은 방사성 붕괴를 통하여 일어난다.

방사성 붕괴는 핵에너지를 방출하는 마지막 과정이다. 강한 핵력에 의한 핵융합이나 핵분열과는 달리 방사성 붕괴는 강한 핵력보다 '약한 핵력(약한 상호작용)'에 의해 지배된다. 불안정한 핵은 핵붕괴나 핵변환에 의해 안정적인 핵이 된다. 예를 들어 거의 모든 핵분열 생성물들은 불안정하며 궁극적으로 방사성 붕괴를 한다. 핵분열 생성물은 종류에 따라서 1초 이내에 매우 빠르게 붕괴하거나 수백만 년에 걸쳐서 붕괴한다. 방사성 붕괴 동안 에너지는 전리방사선으로 방출된다. 전리방사선은 다음 부분에서 다루도록 하겠다.

Q

방사선이란?

매우 불안정한 동위원소는 안정한 핵이 되기 위하여 과잉으로 가지고 있는 에너지를 방출하며, 이때 에너지는 다양한 형태로 방출된다(동위원소들은 핵 내의 양성자 수는 같지만 중성자 수가 다르다. 각 원소는 다양한 동위원소를 가지며 각 동위원소는 독특한 양성자와 중성자의 조합을 갖고 있다.). 불안정한 동위원소는 방사선을 방출하기 때문에 일반적으로 방사선 동위원소로 알려져 있다. 예를 들어 어떤 방사선 동위원소는 두 개의 양성자와 두 개의 중성자 결합으로 이루어진 빠르게 움직이는 헬륨 핵을 방출하는데, 이 헬륨 핵을 '알파 방사선'이라고 부른다.

1899년에 영국에서 연구 중이던 물리학자 러더퍼드(Ernest Rutherford)는 우라늄의 기체 이온화 능력을 실험하던 중 베타 방사선과 알파 방사선을 발견하였다.(프랑스 물리학자인 베크렐이 이전 실험에서 우라늄이 투과력 있는 방사선을 방출한다는 것을 보여 주었기 때문에 우라늄을 이용한 것이다. 베크렐 실험은 이 장의 뒷부분에서 설명할 것이다.) 이온화란 방사선이 중성 원자들로부터 음전하를 가진 전자들을 두드려서 떼어냄으로써 이온(전하를 가진 원자)을 만드는 것을 의미한다. 러더퍼드는 알파 방사선이 베타 방사선보다 이온화 능력이 더 강력하였기 때문에 그리스 알파벳의 첫 글자를 따서 알파 방사선이라고 이름 지었고, 베타 방사선은 두 번째 글자를 따서 이름 지었다. 베타 방사선은 전자이거나 양전하를 가진 전자인 양전자이다. 베타 방사선은 보통 큰 에너지를 가지고 방출되기 때문에 핵에서 나올 때 매우 빠른 속도를 갖는다. 알파 방사선은 베타 방사선의 두 배에 해당하는 전하를 가지고 있어 베타 방사선보다 이온화 잠재력이 높은 반면, 질량이 크고 더 느리게 움직이기 때문에 베타 방사선보다 침투력이 약하다. 예를 들면 종이 한 장으로도 대부분의 알파 방사선을 막을 수 있지만 베타 방사선은 종이보다 치밀한 알루미늄이 여러 장 있어야 막을 수 있다.

1900년에 제3의 유형의 이온화 방사선이 발견되었는데 그리스 알파벳의 세 번째 글자를 따서 감마 방사선으로 명명되었다. 감마 방사선은 알파나 베타 방사선과는 달리 전하를 가지고 있지 않다. 특히 감마 방사선은 에너지가 매우 큰 빛으로 가시광선보다 에너지가 훨씬 크다. 다른 모든 빛과 마찬가지로 감마 방사선은 우주에서 가장 빠른 속도인 광속(1초에 약 300,000킬로미터)으로 움직인다. 감마 방사선은 빠르고 에너지가 크기 때문에 관통 능력이 매우 커서 두꺼운 콘크리트 벽돌이나 납과 같은 치밀한 물질이 있어야 막을 수 있다. 불안정한 핵은 안정화되기 위하여 알파, 베타, 감마 방사선을 방출할 뿐 아니라 양성자와 중성자 등 다른 종류의 방사선을 방출하기도 한다. 이렇게 방출된 모든 입자들은 원자로부터 전자를 빼앗아 원자를 이온화시킬 수 있다.(방사능은 원소가 붕괴하면서 방사선을 방출하는 일을 의미하며, 방사성은 어떤 물질이 방사선을 방출할 수 있는 성질이 있다는 것을 의미한다. – 옮긴이)

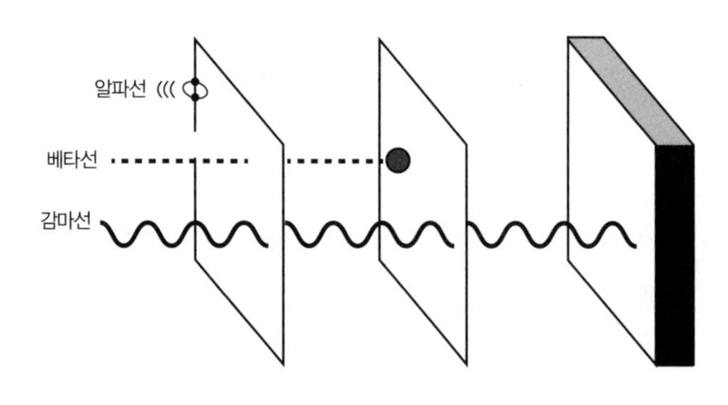

방사선의 침투력

Q

방사선은 건강에 해로운가?

신체 조직이 방사선에 의하여 과도하게 이온화되면 암이 발생하고 건강에 해롭다. 방사선에 의한 암은 발생해서 발견되기까지 보통 여러 해가 걸린다. 암 발생 확률은 피폭된 방사선의 양에 따라 달라진다. 따라서 방사선 피폭량이 낮은 경우 암 발생 확률도 낮다. 다행히 인체는 방사선 피폭량이 상대적으로 낮은 경우 스스로 방어할 수 있다. 즉 미량의 방사선에 피폭된 사람 중 극히 일부만 실제로 암이 발생한다.

하지만 문제는 의사와 보건물리학자들이 암 환자가 낮은 수준의 방사선 피폭 때문에 암에 걸린 것인지 다른 요인에 의하여 암에 걸린 것인지 여부를 확실하게 알 수 없다는 것이다. 낮은 피폭량이 건강에 미치는 영향에 대해 논쟁의 여지가 있기 때문에 이런 불확실성은 더 커진다. 즉 어떤 연구자들은 매우 낮은 피폭량은 건강에 이롭다고 주장하며 증거를 제시하기도 한다. 또 어떤 연구자들은 임계치 이하의 낮은 피폭량은 건강에 이롭지도 해롭지도 않다고 주장한다. 현재 국민건강 정책은 자연 상태에서 존재하는 방사선을 초과하는 피폭을 최소화하는 것이다. 이 정책은 건강에 미치는 영향이 전리방사선 피폭량에 비례한다고 가정하는 '선형 무역치 모델'로 알려져 있다. 과학자들은 방사선에 피폭된 사람들에 대한 많은 정보를 기반으로 비록 어떤 개인이 암에 걸릴지는 예측할 수 없지만 피폭된 사람들 중 얼마가 암에 걸릴지는 예측할 수 있다. 이런 점을 고려해 볼 때, 사람들은 일생 동안 다양한 잠재적 발암물질에 노출되므로 어떤 위험 물질에 심하게 노출되었든지 또는 특정 원인과 관련된 암이라는 명확한 증거가 있지 않은 한 의료종사자들이 암 발병 원인을 정확히 밝히기는 어렵다.

방사선 피폭량이 큰 경우 건강에 직접적인 영향을 준다. 인체가 받은 방사선 피폭량에 비례하여 영향력이 커지기 때문에 이것은 '결정적 영향'이라고 불린다. 첫 번째 눈에 띄는 증상은 구역질과 구토 증상을 보이는 방사선 병이다. 피폭량이 더 커지면 설사와 탈모를 일으킬 수 있다. 훨씬 더 큰 피폭량의 경우 면역체계가 심각하게 손상되고 출혈이 생긴다. 인체가 이 피해를 복구하지 못하면, 그 사람은 사망하게 될 것이다. 이와 같은 큰 방사선 피폭은 핵폭발 또는 다량의 코발트-69나 세슘-37 등 차폐되지 않은 강력한 방사선 발생원에 가까이 있는 사람에게 발생할 수 있다.

원자력이 안전하게 다루어지면 매우 작은 양의 방사선만이 주변으로 배출된다. 사실 통상적인 운영 하에서는 석탄발전소가 원자력발전소보다 더 많은 방사선 물질을 배출한다. 석탄에는 흔히 채굴된 원광에서 나온 우라늄이 포함되어 있다. 동위원소, 방사성 동위원소, 방사성, 방사선에 대한 물리학적인 이해는 핵폐기물 처리, 핵 사고의 잠재적 위험성, 원자력발전소 및 다른 핵시설에 대한 공격에 관련된 지속적인 논란을 이해하는 데 필요하다.

Q

반감기란?

'반감기'는 어떤 방사성 물질, 즉 방사성 동위원소의 절반이 방사선을 방출하면서 붕괴하는 데 걸리는 시간이다. 예를 들어 무거운 수소인 삼중수소의 반감기는 12.3년인데 이 삼중수소는 베타선을 방출하면서 헬륨-3이 된다. 반감기는 방사성 동위원소의 공통적인 특성이다. 이것이 의미하는 바는 누구도 방사성 동위원소의 특정 핵이 붕괴할지 여부를 예측할 수 없고, 방사성 물질의 양이 충분히 큰 경우 물질의 절반이 붕괴하는 데 걸리는 시간은 예측 가능하다는 것이다.

동전 던지기를 생각해 보자. 동전 던지기에서 한 번 동전을 던졌을 때 앞면이 나올지 뒷면이 나올지 예측하는 것은 가능하지 않다. 하지만 동전 던지기를 충분히 많이 할 경우 절반은 앞면이 나오고 절반은 뒷면이 나온다고 예측하는 것은 가능하다. 방사능의 경우 다양한 붕괴 방식(방사능을 배출하는 방법)을 가진 수천의 방사성 동위원소가 있어서 상황이 매우 복잡하다. 개개의 방사성 동위원소는 개개의 붕괴 방식에 해당하는 명확한 반감기를 가지고 있다. 붕괴 방식과 반감기는 조사관이 어떤 방사성 동위원소를 관측하고 있는지를 알려 주는 지문과 같은 역할을 한다. 이 방법은 법의학 분석 기법의 일부이다. 이 방법은 또한 국경 등에서 방사능 탐지기로 화물칸에 있는 특정한 방사성 동위원소를 찾는 데 사용된다. 예를 들어 세라믹 타일, 바나나, 고양이용 깔개 등이 자연적으로 생겨난 방사성 물질을 함유하는 대표적인 물질들이다. 무해한 물질과 핵폭탄과 방사성 폭탄(일반적으로 '더러운 폭탄'으로 불린다.)을 구분하는 정교한 탐지기를 개발하는 것은 핵폭탄 및 방사성 폭탄 공격으로부터 국가를 방어하는 데 도움이 된다.

Q

핵에너지는 화학에너지보다 얼마나 많은 에너지를 방출하는가?

화석연료를 태우면 화학에너지가 방출된다. 메테인, 석유, 석탄 등 화석연료를 이루고 있는 탄화수소 분자가 탈 때, 수소와 탄소 원자 사이의 화학 결합이 끊어진다. 이 결합 속의 화학에너지는 전자볼트 단위로 측정하는데, 1전자볼트는 1볼트 건전지에 의하여 전자가 가속될 때 전자가 얻을 수 있는 에너지양이다. 화학 결합은 전자와 양성자 사이의 전기력에 관련된 것이므로 화학결합에너지는 일반적으로 몇 전자볼트 정도이다.

전기력보다 핵력이 훨씬 더 강력하기 때문에 핵분열과 핵융합 반응에서는 화학 반응보다 훨씬 더 큰 에너지가 발생한다. 동등한 질량의 경우, 핵 반응은 화학 반응에 비하여 100만 배 더 많은 에너지를 방출한다. 예를 들어 1개의 우라늄-235가 핵분열할 경우 약 2억 전자볼트의 에너지를 방출한다.

질량이 같은 경우 핵융합은 핵분열보다 더 많은 에너지를 방출한다.

두 종류의 무거운 수소인 중수소와 삼중수소는 반응당 1,700만 전자볼트를 방출한다. 중수소는 양성자 한 개와 중성자 한 개, 삼중수소는 양성자 한 개와 중성자 두 개로 이루어진 것이므로 이들이 결합한 질량은 5원자 질량 단위에 불과하다. 따라서 핵융합 반응은 단위 질량당 300만 전자볼트 이상의 에너지를 방출하고 핵분열 반응은 100만 전자볼트 이하의 에너지를 방출한다. 이와 같이 핵융합 반응은 큰 에너지를 방출하고, 중수소가 상대적으로 풍부하기 때문에 핵과학자와 기술자들이 핵융합 발전을 상업화할 수 있다면 인류는 막대한 핵융합 에너지원을 사용할 수 있게 될 것이다.

Q

핵융합의 상용화는 왜 어려운가?

에너지 연구자들이 자주하는 농담 중에 "핵융합은 미래의 에너지원이며 언제나 미래의 에너지원으로 남아있을 것" 이라는 이야기가 있다. 오늘날 많은 과학자와 공학자들은 핵무기 제조에 이용하는 핵융합 반응을 제어 가능한 방식으로 발생시켜 에너지원으로 활용할 수 있는 방안 마련에 노력하고 있다. 가장 큰 어려움은 핵융합에 필요한 고온 고압을 유지하는 것이다. 고온 고압 유지 방법에는 중력 가둠, 자기 가둠, 관성 가둠의 세 가지가 있다.

태양에 있는 엄청난 양의 물질은 핵융합 반응물을 가두기에 충분한 중력장을 만들어 낸다. 하지만 지상에서 이런 크기의 중력장을 그대로 만들어 내는 것은 불가능하다. 지상에 그 정도의 충분한 양의 물질이 없기 때문이다.

자기 가둠은 반응물을 가두기 위하여 매우 강력한 자기장을 사용한다. 핵융합 반응은 쉽게 자기장을 교란할 수 있기는 하지만 이 방법은 여전히 활발하게 연구되고 있다. 세계적으로 몇몇 연구소에서 자기 가둠 방식의 핵융합 연구를 하고 있다. 프랑스의 카다라체(Cadarache)에 본부를 둔 국제열핵실험용원자로(ITER, International Thermonuclear Experimental Reactor) 사업이 대표적으로, 중국, 프랑스, 유럽 연합, 인도, 일본, 러시아, 한국, 미국이 이 사업에 참여하고 있다. 이 사업은 수년 동안 수조 원이 소요되는 대규모 사업으로, 2010년에 열핵 실험용 원자로 공사가 시작되었으나 예산 감축으로 인하여 건설이 지연되고 있는 상황이다. 목표는 핵반응에 필요한 이온화된 가스인 플라스마를 2019년 11월에 첫 생산하는 것이다.

세 번째 방법인 관성 가둠은 핵융합 연료 알갱이에 강렬한 에너지 펄스를 가하는 것이다. 이 펄스는 연료 알갱이가 중수소와 삼중수소를 결합시킬 만큼 충분한 압력과 온도로 폭발하게 만들어야 한다. (중수소와 삼중수소 핵반응이 상대적으로 가장 쉽게 일어나므로 이제까지의 핵융합 연구가 이 방법을 중심으로 이루어졌다.) 이 방법은 미국 캘리포니아 주 소재 국립연구소인 국립점화시설(NIF, National Ignition Facility)에서 진전을 보이고 있다.

NIF의 장치는 핵연료 알갱이에 192개의 레이저 빔을 주사하는 것으로, 2010년 1월에 금 캡슐을 600만 ℃까지 가열시키는 데 성공하였다. 다음 단계는 진짜 핵연료 알갱이를 가열하는 것이다. 이 작업이 성공한다고 해도 여러 알갱이를 순차적으로 제공하고 가열함으로써 핵융합 반응을 지속시켜야 하는 어려움이 있다. NIF의 주된 목표는 상업적인 핵융합이 아니라 첨단 핵무기 내부의 열핵 반응을 모의 실험하는 실험실을 만드는 것이다.

위의 방법들은 무거운 수소나 다른 물질을 융합하는 데 수백만 도의 온도가 필요하기 때문에 '뜨거운' 핵융합이다. 대조적으로 '차가운' 핵융합은 상온에서 핵융합이 일어나는 것이다. 1989년 3월 23일, 세계적인 화학자인 플라이슈만(Martin Fleischmann)과 폰즈(Stanley Pons)는 폴라듐 전극을 이용한 중수소 물의 전기 분해로 핵융합에 성공하였다고 발표함으로써 세상을 깜짝 놀라게 하였다. 전기 분해는 물을 수소와 산소로 분해하기 위하여 물에 전기를 흘리는 것을 의미한다. 그들이 제시한 핵융합의 증거는 핵에너지에 의해서만 나올 수 있는 비정상적으로 많은 양의 열이 만들어졌다는 것이다. 많은 과학자들이 이 실험 결과를 재현하는 데 실패하면서 환상은 바로 깨졌다. 그럼에도 불구하고 20년이 지난 지금도 일부 과학자들은 차가운 핵융합에 대한 연구를 계속하고 있다.

Q

핵분열은 어떻게 발견되었는가?

1932년에 영국의 과학자 채드윅(James Chadwick)은 물질계의 근본적 이해에 주요한 입자인 중성자를 발견하였다. 중성자의 발견으로 과학자들은 물질에 중성자 포격을 가하면 다른 물질을 만들 수 있다는 것을 바로 알아냈으나 핵분열의 발견으로 이어지지는 못하였다. 그러나 1930년대 중반에 일부 핵과학자들이 무거운 원소의 핵을 쪼개거나 분열시키는 것이 가능할 것이라고 생각하면서 중성자를 이용하여 그 당시 가장 무거운 원소로 알려진 우라늄보다 더 무거운 물질을 만들기 위한 연구가 이루어지게 되었다. 이러한 생각은 4개의 주요 연구팀들 간의 경쟁을 유발시켰다. 각 팀 리더는 영국의 러더퍼드, 프랑스의 졸리오-퀴리 부부(Frédéric and Irène Joliot-Curie), 이탈리아의 페르미(Enrico Fermi), 독일의 한(Otto Hahn)과 마이트너(Lise Meitner)였다.

이 중 독일 연구진이 최초로 우라늄 핵분열에 성공하였다. 하지만 이 성공에도 불구하고 마이트너는 노벨상을 받지 못했다. 마이트너는 오스트리아 비엔나에서 유대인으로 태어났다. 그녀는 어른이 되어서 기독교로 개종하였으나 유대인 혈통을 가지고 있어 나치 박해로부터 자유롭지 못하였다. 여성 과학자에 대한 엄청난 편견을 극복하고, 그녀는 1930년대에 베를린에 있는 저명한 카이저 빌헬름 화학연구소에 자리를 잡았다. 그곳에서 그녀는 화학자인 오토 한과 공동 연구를 하였다. 히틀러가 1933년에 정권을 잡으면서 유대인 혈통을 가진 과학자들은 도망을 갔으나 그녀는 오스트리아 국적 덕분에 독일에 계속 머물 수 있었다. 그러나 1938년에 히틀러가 오스트리아를 합병하자 그해 7월에 네덜란드로 피신하였다가 스웨덴으로 갔다. 그녀는 그곳에서 독일 화학자 스트라스만(Fritz Strassmann)과 공동으로 중성자를 우라늄에 충돌시키는 실험을 하고 있던 한을 만나 연구 협의를 계속할 수 있었다. 이 두 화학자는 1938년 12월에 중간 질량 원소인 바륨이 이 반응의 최종 생성물임을 발견하였다. 이 소식은 마이트너와 물리학자인 그녀의 조카 프리쉬(Otto Frisch)에게도 알려졌다. 마이트너와 프리쉬는 최초로 핵분열 과정을 이론적으로 설명하고, 1939년 1월에 논문을 발표하였다. 이 논문은 핵분열 연구의 문을 활짝 열어 주었다. 마이트너는 핵분열 기술을 핵무기 제조에 적용할 수 있다는 점을 알고 있었지만, 맨해튼 프로젝트에 참여하라는 제안을 받았을 때 "나는 폭탄과는 아무런 관련을 가지지 않을 것입니다."라고 대답하였다고 한다. 그녀는 핵분열을 설명하는 데 선도적 역할을 하였다는 최고의 영광을 거부한 것이다. 1944년에 한은 핵분열을 발견한 공로로 노벨화학상을 수상하였으나, 마이트너는 결국 노벨상을 공동수상하지 못하였다. 1977년「피직스 투데이(Physics Today)」는 마이트너가 노벨상을 공동 수상하지 못한 것은 "사적 편견으로 인해 자격 있는 과학자가 노벨상을 수상하지 못하게 된 드문 경우"라고 결론지었다.

Q

아인슈타인이 핵에너지 발견에 기여한 역할은?

많은 사람이 아인슈타인이 핵에너지를 발견한 것으로 믿고 있으나, 그는 핵에너지 분야를 직접적으로 연구하지 않았다. 하지만 아인슈타인의 특수상대성 이론은 왜 매우 작은 핵으로부터 엄청난 에너지가 방출되는지에 대한 이론적인 근거를 제공하였다. 아인슈타인의 위대한 통찰은 에너지와 질량이 동등하다는 것이었다. 질량은 어떤 의미에서는 얼어 있는 에너지이다. 앞에서 언급한 바와 같이 이 결과가 유명한 방정식 $E = mc^2$이다. 여기에서 E, m, c는 에너지, 질량, 진공에서의 빛의 속도이다. 이것이 글자 그대로 의미하는 바는 에너지는 질량에 진공에서의 광속의 제곱을 곱한 것과 같다는 것이다. 광속은 매우 크기 때문에 광속의 제곱은 900억 킬로미터 제곱/초제곱(9×10^{11} km^2/s^2)이라는 엄청나게 큰 숫자이다. 따라서 이 숫자에 매우 작은 질량을 곱하여도 상대적으로 큰 에너지가 된다. 비록 아인슈타인은 이 잠재에너지를 어떻게 녹여내는지 알지 못하였지만, 그의 이론은 다른 과학자들이 핵융합과 핵분열로 물질에 잠재된 엄청난 에너지를 방출하는 방법을 발견할 수 있도록 도와주었다.

아인슈타인은 그가 가진 명성으로 핵무기 개발 가능성에 대해 루스벨트 대통령의 관심을 끄는 데 일조하였다. 아인슈타인은 1932년에 독일을 떠난 후 미국에 정착하여 뉴저지 주 프린스턴대학교의 고등학술원에서 연구하였다. 핵분열 발견 후에 실라드(Leo Szilard), 텔러(Edward

Teller), 위그너(Eugene Wigner) 등의 망명 과학자들은 아인슈타인을 설득해서 그의 이름과 명성을 빌려 루스벨트 대통령에게 최근의 핵분열 발견이 초래할 수 있는 영향과 독일 나치의 핵무기 개발 가능성을 알리는 두 통의 편지(한 통은 1939년 8월, 다른 한 통은 1940년 봄)를 보냈다. 하지만 아인슈타인은 최초의 핵무기를 개발한 맨해튼 프로젝트에는 참여하지 않았다.

Q

핵분열 연쇄 반응이란?

한 줄로 세워진 도미노를 상상해 보자. 한 개의 도미노가 쓰러지면 다음 도미노가 쓰러지고 또 다음 도미노가 쓰러지고 이렇게 한 번에 한 개씩 쓰러져 결국 모든 도미노가 쓰러진다. 도미노가 쓰러지는 방식은 원자로에서 중성자가 일으키는 연쇄반응과 유사하다. 이 연쇄반응은 핵분열이 잘 일어나는 핵들인 우라늄-235와 플루토늄-239가 중성자를 흡수하면서 시작된다. 핵분열성 핵들이 쪼개지면서 두세 개의 중성자가 방출된다. 원자로에서 연쇄 반응은 평균적으로 이 중성자들 중에 한 개만 다른 핵분열을 유도하도록 설계되어 있다. 도미노에 비유하자면, 연쇄 반응의 각 단계에서 단지 한 개의 도미노만 쓰러지는 것과 같다.

이와 대조적으로 폭발성 연쇄 반응은 시간에 따라 핵분열이 기하급수적으로 증가하도록 설계되어 있다. 삼각형 형태로 구성된 도미노(삼각형 내부에도 도미노가 있다. - 옮긴이)를 상상해 보자. 한 개의 도미노가 삼각형 끝점에서 쓰러지면 두 개 또는 세 개의 도미노를 쓰러뜨린다. 각각의 도미노가 두 개 또는 세 개의 도미노를 쓰러뜨림으로 쓰러지는 도미노의 숫자는 기하급수적으로 증가하게 된다. 이와 유사하게 핵폭발에서 우라늄-235나 플루토늄-239이 핵분열하면 두세 개의 중성자를 방출하고 이 중성자들이 다른 분열성 핵을 분열시킴으로써 가하급수적으로 핵분열이 증가한다. 핵폭탄에서는 이 연쇄반응이 마이크로초 이내로 매우 빠르게 일어나서 도시의 심장부를 파괴할 만큼 큰 에너지를 방출한다. 핵폭발 시 10을 24번 곱한(10^{24}) 횟수의 핵분열이 일어난다. 이 숫자가 얼마나 큰 수인지 알아보자. 100만은 10을 6번 곱한 것이고, 10억은 10을 9번 곱한 것이고, 1경은 10을 12번 곱한 것이다. 따라서 핵분열 숫자는 1경에 1경을 곱한 것과 같다. 이 세상에는 모래알갱이가 얼마나 많을까? 하와이대학교의 수학자들은 지구 상의 모래의 개수를 75억×10억으로 추산하였다. 따라서 핵폭탄 내부에서 일어나는 핵분열 횟수는 지구상의 모래 알갱이 수보다 훨씬 더 많다.

Q

우라늄이란 무엇이고 어떻게 발견되었는가?

우라늄은 약한 방사능을 가진 무거운 금속 원소로 핵연료, 핵무기,

비행기 꼬리 밸러스트, 기갑 관통 탄약 등 민간 및 군사용으로 다양하게 이용된다. 지구의 땅과 바다에 자연 상태로 있는 우라늄에는 세 종류의 동위원소가 있는데, 가장 많은 것부터 순서대로 적으면 우라늄-238, 우라늄-235, 우라늄-234이다.

우라늄 오른쪽 숫자는 각 우라늄 동위원소 핵 안에 있는 양성자와 중성자 개수의 합이다. 우라늄은 항상 92개의 양성자를 가지고 있기 때문에 우라늄-238은 146개의 중성자를, 우라늄-235는 143개의 중성자를, 우라늄-234은 142개의 중성자를 가진다. 대부분의 천연 우라늄은 우라늄-238로서 99.28%를 차지한다. 그 다음은 0.72%를 차지하는 우라늄-235이고, 우라늄-234는 0.0054%로 가장 작은 비중을 차지한다. 바람직한 동위원소는 다른 두 개의 동위원소에 비하여 핵분열이 용이하게 일어나는 우라늄-235이다. 또 다른 바람직한 동위원소로 핵분열이 매우 잘 일어나는 우라늄-233이 있지만 이 우라늄은 반감기가 상대적으로 짧아서 자연 상태로 존재하지 않는다. 우라늄-233은 토륨-232로 만들 수 있다.

천연 우라늄의 구성 비율은 시간이 지나면서 변화해 왔다. 이를 이해하기 위하여 지구의 형성 과정을 간단히 살펴보자. 약 45억 년 전, 태어난 지 얼마 안 된 새 별인 태양 주위를 돌고 있던 성간 물질이 합쳐져서 지구가 탄생하였다. 태양은 수소, 헬륨, 그리고 다른 물질로 이루어진 거대한 공 형태의 가스덩어리가 중력에 의한 인력으로 압축되면서 형성되었다. 지구와 다른 행성들은 태양 주변에 거대한 디스크 형태의 물질이 소용돌이치면서 만들어졌다. 이 물질들은 빅뱅에서 기원한 수소와 헬륨 그리고 초신성(supernova)에서 배출된 물질들이 혼합된 것이다. 이 초신성이 철-56보다 더 무거운 모든 자연적으로 생기는 동위원소를 만든다. 앞에서 언급한 바와 같이 철을 포함해서 철에 이르는 모든 원소들은 핵융합에 의하여 만들 수 있다. 핵융합은 별 내부에서 수십억 년의 긴 시간에 걸쳐서 일어난다.

초신성은 수십 개의 다른 원소와 수백 개의 다른 동위원소 혼합물을 배출한다. 우라늄도 초신성에서 형성된 원소 중의 하나이다. 지구가 형성되었을 때는 우라늄-238이 아닌 우라늄이 훨씬 더 많았으나 우라늄-238의 반감기가 길어서 시간이 지나면서 우라늄-238의 비율이 점차적으로 증가하였다. 우라늄-238의 반감기는 44억 7,000만 년, 우라늄-235의 반감기는 7억 년, 우라늄-234의 반감기는 24만 6,000년, 우라늄-233의 반감기는 15만 9,200년이다.

우라늄은 서기 79년 이전부터 도자기 유약에 색을 첨가하기 위하여 사용되었지만, 독일 화학자인 클라프로트(Martin Klaproth)가 1789년에 우라늄광을 발견하고 나서야 비로소 과학자들이 우라늄을 고유 원소로 인정하기 시작하였다. 우라늄이라는 이름은 천문학자 허셜(William Herschel)에 의해 우라늄 발견 직전에 발견된 천왕성(Uranus)을 따서 붙여졌다. 이후 1841년에 멜히오르 페리고(Eugene-Melchior Peligot)가 처음으로 금속 우라늄을 추출하였고 1896년에 비로소 우라늄이 방사능 원소임이 밝혀졌다.

당시 프랑스 물리학자 베크렐(Henri Becquerel)은 우라늄의 인광 특성에 관한 실험을 하고 있었다. 그는 높은 주파수 빛을 흡수한 후 시간차를 두고 약한 강도의 빛이 방출되는 인광(어둠 속에 밝게 빛나는 것)을 보기 위하여 우라늄에 빛을 쪼이고 있었는데, 구름이 실험에 필요한 빛을 차단하자 우라늄 화합물과 실험에 사용할 사진판을 서랍에 넣고 문을 닫아 놓았다. 후에 실험을 재개하려고 사진 필름을 현상하자 필름이 이미 노출되어 있었다. 이에 베크렐은 어떤 고에너지 물질이 우라늄에서 방출되어 필름을 노출시킨 것으로 결론을 내렸다.

이 물질이 우라늄 핵에서 나온 높은 에너지 방사선이다. 베크렐의 동료인 마리 퀴리(Marie Curie)와 피에르 퀴리(Pierre Curie)는 우라늄 원석을 이용한 일련의 실험을 진행하였다. 그들은 화학적 기술을 이용하여 라듐과 폴로니움 두 개의 방사능 원소를 격리시킴으로써 이 원소들을 발견하였다. 라듐은 방사능(radioactivity)에서, 폴로니움은 마리의 고국인 폴란드의 이름을 본떠서 명명하였다. 라듐은 발견 후 수십 년 동안 시계 다이얼용 자체 발광 페인트 등 다양한 응용분야에 방사능을 공급하는 역할을 하였다. 이런 관행은 라듐에 노출된 많은 사람들이 암에 걸린 후에 중지되었다. 1950년대 이래로 코발트-60, 세슘-137 등 원자로에서 생성된 방사성 동위원소를 사용하게 되면서 점차적으로 라듐 이용이 줄어들었다.

Q

플루토늄이란 무엇이고 어떻게 발견되었는가?

우라늄과 마찬가지로 플루토늄은 무거운 원소로 핵연료와 핵무기로 사용할 수 있다. 플루토늄 핵은 94개의 양성자를 가지고 있다. 가장 중요한 동위원소는 플루토늄-239(Pu-239)인데 이것은 쉽게 분열될 수 있기 때문에 원자로나 핵폭탄에 연료로 사용할 수 있다. 플루토늄-239의 반감기는 약 24,000년이다. 플루토늄의 동위원소는 14개 더 존재한다. 핵 배터리 전원을 공급할 수 있는 플루토늄-238(반감기 87.7년), 사용후 핵연료의 주성분인 플루토늄-240(반감기 6,560년), 사용후 핵연료에 존재하고 핵분열 할 수 있는 플루토늄-241(반감기 14.4년), 사용후 핵연료에 존재하는 플루토늄-242(반감기 374,000년) 등이 주목할 만한 동위원소이다. 플루토늄-238은 수십 척의 미국 우주비행선에 동력을 제공하였다. 예를 들면 보이저 우주선은 플루토늄-238에서 만들어진 동력으로 목성, 토성, 천왕성의 이미지를 지구로 전송하였다.

플루토늄은 9번째 행성이었던 명왕성(Pluto)과 로마시대 지하세계의 신을 따라 이름이 붙여졌다.(최근에 명왕성은 행성에서 퇴출되었다.) 지하라는 어두운 면에 어울리게, 플루토늄의 발견은 기밀이었다. 미국인 핵 화학자 시보그(Glenn Seaborg)와 그의 동료들 케네디(Joseph Kennedy), 멕밀란(Edwin McMillan), 왈(Arthur Wahl)이 캘리포니아 주립대학교에서 1941년에 플루토늄을 생산하였다. 첫 번째 핵폭탄 연료라는 중요성 때문에 플루토늄의 발견은 1948년이 되어서야 비로소 공표되었다. 1951년에 시보그와 맥밀란은 플루토늄과 초우라늄 원소(원자 번호 92번의 우라늄보다 원자 번호가 큰 인공 방사성 원소)를 발견한 공로로 노벨화학상을 공동 수상하였다.

대중들은 일반적으로 플루토늄에 대하여 핵무기의 연료이고 건강에 나쁜 영향을 미친다는 이유로 부정적인 시각을 가지고 있다. 그러나 플루토늄이 방출하는 방사선은 대부분 피부 조직에 의해서도 상대적으로 쉽게 차단될 수 있어 외부 노출(인체 외부)에 의한 건강 상 위협은 미미하다. 플루토늄은 대부분 침투 깊이가 짧은 알파선을 방출하기 때문에 잠재적인 흡입 또는 섭취에 의하여 신체 내부가 노출될 때 인체에 피해를 준다.(예를 들어 플루토늄-239가 방출하는 감마선 에너지는 상대적으로 작다.) 흡입 경로를 생각해 보면, 상대적으로 크거나 작은 플루토늄 입자들은 폐에 잘 흡착되지 않는다. 지름이 1마이크론, 즉 100만 분의 1미터인 입자는 폐에 흡착되는데, 피폭량이 큰 경우 흡착되는 입자가 많아 폐암을 유발할 수 있다. 음식이나 오염된 물을 통해서 인체로 들어간 플루토늄은 대부분 배출되지만 극히 일부분이 혈류에 녹아서 뼈, 간, 다른 장기에 수년에서 수십 년 동안 남아 있을 수 있다.

Q

원자로가 핵폭탄처럼 폭발하지 않는 이유는?

원자로는 연쇄 핵반응이 기하급수적으로 증가하지 않도록 설계되어 있다. 원자로가 핵폭탄처럼 폭발하지 않는 주요 이유는 핵분열 물질의 농도가 연쇄 핵반응으로 폭발하기에는 너무 낮기 때문이다. 핵폭발을 방지하기 위한 또 다른 장치로 원자로에 여분의 중성자를 흡수하는 물질이 들어 있다. 그럼에도 불구하고 어떤 원자로 디자인(초기의 체르노빌 원자로 디자인과 같은)에서는 반응 폭주가 일어날 수 있다. 폭주는 반응을 빠르게 증가시키지만 핵폭발에 이르지는 않는다. 체르노빌 원전 사고는 5장에서 다룰 것이다.

Q

핵연료 주기란?

원자로용 핵연료를 만들기 위해서는 핵연료 주기(우라늄 채광에서부터 원전 연료로 사용된 후 사용후 핵연료로서 재처리, 재사용 또는 방사성 폐기물로 처분되기까지 우라늄의 일생)를 구성하는 몇 가지 작업이 필요하다. 다음 그림은 핵연료 주기의 주요 단계를 보여 주는 순서도이다. 주기는 우라늄을 채광하는 것으로 시작한다. 우라늄은 육지와 바다의 다양한 퇴적물에 함유되어 있다. 영청 우라늄광, 우라나이트, 카노타이트, 인회 우라늄광 등 몇 종류의 광물에 우라늄이 포함되어 있다. 인광암, 갈탄, 모나자이트 모래에도 우라늄이 함유되어 있다. 다음으로 우라늄을 엄청난 양의 광물로부터 분리하기 위하여 정광이 필요하다. 노란색을 띠고 있어서 노란케이크로 불리는 우라늄광 농축물이 분쇄를 통해 생산된다. 노

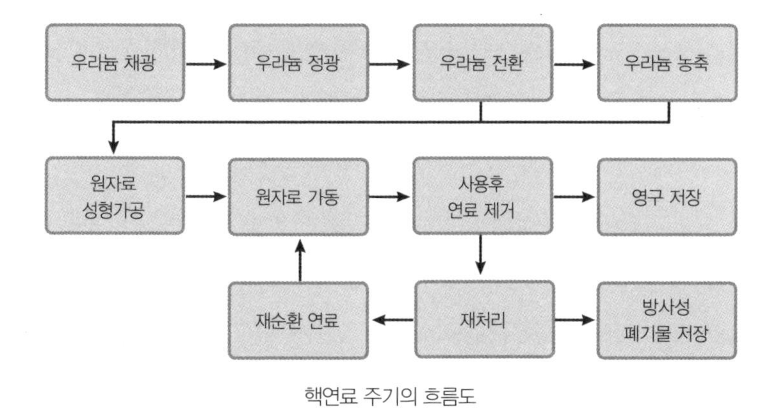

핵연료 주기의 흐름도

란케이크는 그 자체로는 원자로 연료로서 사용할 수 없다.

따라서 노란케이크는 천연 우라늄 연료 생산에 적합한 또는 우라늄 농축 공장에 투입재료로 제공되기에 적합한 화학적 형태를 가지도록 전환해야 한다. 이 공장은 저농축 우라늄 연료 제조용 핵분열 동위원소 우라늄-235의 농도를 증가시킨다. 나중에 다양한 우라늄 농축 방법과 함께 천연 우라늄과 저농축 우라늄을 사용하는 원자로에 대하여 설명할 것이다.대부분의 원자로는 이산화우라늄을 연료로 사용한다. 이 연료를 만들기 위해서 분말 이산화우라늄을 연료 펠릿이 되도록 압착한다. 그리고 이들을 얇고 긴 봉 속에 차곡차곡 쌓는다. 그리고 이 봉을 다발로 묶어서 핵연료 집합체를 만든다. (몇 미터만큼) 길고 (지름이 10밀리미터까지) 가느다란 10여 개 이상의 연료봉들이 튼튼한 금속 브래킷으로 연결되어 있는 것을 상상해 보면 이 핵연료 집합체의 모양이 어떤지 알 수 있다. 이 봉들은 봉 사이에 냉각재가 흐를 수 있도록 수밀리미터 정도 떨어져 있다. 일반적으로 상용 원자로는 서너 개의 핵연료

집합체로 충전되어 있다. 이 핵연료는 원자로 내에 수개월에서 수년까지 남아 있을 수 있다. 그동안 우라늄-235는 핵분열을 하면서 에너지를 방출하는데, 이 에너지는 전기 발전에 이용된다.

핵분열 과정에서 중성자도 방출된다. 일반적으로 한 번의 핵분열로 2개 내지 3개의 중성자가 방출된다. 핵분열 연쇄 반응을 지속하기 위해서 이 중성자 중 최소한 1개는 우라늄-235에 의하여 재흡수된다. 나머지 중성자들은 원자로 연료 속의 우라늄-238 핵이나 다른 물질의 핵에 의해 흡수가 된다. 우라늄-238이 중성자를 흡수할 경우, 이것은 곧 방사성 붕괴(불안정한 원자핵이 자연적으로 방사선을 방출하고 안정된 원자핵으로 변하는 일)를 통하여 넵투늄-239가 되고, 이 넵투늄은 후에 핵분열 물질인 플루토늄-239로 붕괴한다. 이 플루토늄의 상당 부분이 핵분열하여 에너지를 방출하고 전기를 생산한다.

상당량의 우라늄-235와 플루토늄-239의 핵분열이 이루어진 후에 연료를 원자로에서 제거한다. 이렇게 제거한 물질을 '사용후 핵연료' 또는 '조사연료'라고 부른다. 일관성을 유지하기 위해서 이 물질을 '사용후 핵연료'라고 부르기로 하자. 사용후 핵연료는 매우 뜨겁기 때문에 제거 후 통상 몇 년 동안 냉각을 해 주어야 한다. 대부분의 열은 핵분열 생성물이 방사성 붕괴를 하면서 생기고, 중간 질량 동위원소는 우라늄과 플루토늄의 핵분열에 의하여 생겨난다. 나머지 열은 우라늄과 플루토늄의 방사성 붕괴에 의하여 생긴다. 열은 방사성 붕괴에서 오기 때문에 붕괴열이라고 부른다. 사용후 핵연료는 깊은 물 저장조 속에 보관한다. 물 저장조는 붕괴열을 제거하는 냉각재 역할과 강한 방사선으로부터 작업자를 보호하는 역할을 한다.

붕괴열이 충분히 줄어들면, 사용후 핵연료를 물속에 몇 년 더 보관하거나 건조한 연료 수송 용기에 보관 또는 재처리 공장으로 보낼 수 있다. 어떤 방법을 택할 것인가는 사용후 핵연료에 대해 규제권한을 갖고 있는 정부의 정책에 의하여 정해진다. 여기에서 핵연료 주기는 한 번에 우라늄 연료 모두 사용, 사용후 핵연료의 1회 재사용, 사용후 핵연료의 여러 번 재사용의 세 가지 경로로 나누어진다.(2장에서 왜 여러 나라 정부들이 다른 선택을 하였는지 설명할 것이다.) 첫 번째 경우에는 사용후 핵연료를 폐기물 처리장에 영구 저장한다. 하지만 어떤 나라도 이러한 시설을 만들지 못하였으므로 통상 물속이나 연료 수송 용기 등 중간 저장 시설에 저장한다.

정부는 사용후 핵연료를 폐기하는 대신 재처리하기로 결정할 수 있다. 재처리는 사용후 핵연료로부터 플루토늄과 미사용 우라늄을 추출하는 데 사용하는 일련의 기술이다. 플루토늄과 미사용 우라늄을 새 연료에 넣어서 재사용할 수 있다. 하지만 사용후 핵연료 내의 고방사성 핵분열 생성물에 대해서는 여전히 안전하고 확실한 처리가 필요하다. 따라서 재처리를 한다고 해서 핵폐기물 보관과 처리가 필요 없는 것은 아니다. 대부분의 우라늄과 플루토늄의 핵분열 생성물은 수백 년 내에 방사성 붕괴를 한다. 하지만 실제로는 영국, 프랑스, 일본, 러시아 등 재처리 국가들은 통상적으로 처음에는 우라늄만으로 채워진 사용후 핵연료에서 플루토늄을 추출해서 1회 재사용하고, 즉 플루토늄을 연료로서 1회에 한해 재사용하고 사용후 핵연료와 다른 재사용한 연료로부터 생성된 방사성 폐기물을 보관한다. 핵연료 주기를 완전히 닫아 반감기가 긴 방사성 폐기물을 소모하기 위해서는 플루토늄과 다른 핵분열 물질을 태울 많은 고속 원자로를 활용해야 한다. 여러 번 재사용을 해야만 대부분의 물질을 없앨 수 있을 것이다. 유감스럽게도, 고속 원자로뿐 아니라 재처리도 현재로서는 한 번에 우라늄 연료를 모두 사용할 경우 가격 경쟁력이 없다.(이 문제는 에너지 안전 보장과 원자력 자금 조달을 다루는 2장에서 심도 있게 다룰 것이다.)

왜 핵연료 주기에서의 특정 활동들이 '이중 사용'이라고 불리는가?

핵연료 주기가 가진 서로 얽혀 있는, 즉 이중적 사용이라는 특성 때문에 스웨덴의 노벨상 수상자인 알벤(Hannes Alfvén)은 "원자력의 평화적 이용과 군사적 이용은 샴쌍둥이와 같다."라고 말하였다. 이것은 동일한 기술이 평화적 핵프로그램에도 군사적 핵프로그램에도 모두 유용함을 의미한다. 핵확산과 관련하여 우려되는 기술은 농축과 재처리이다.

우라늄 농축 공장은 원자로용 연료를 생산하거나 핵폭탄용 핵분열 물질을 생산할 수 있다. 우라늄 농축 공장이 핵무기 재료를 만드는 경우, 이 공장은 우라늄-235의 농도를 90% 또는 그 이상이 되도록 농축을 계속할 것이다. 대조적으로, 가장 낮게 농축된 경우는 우라늄-235 농도가 3~5% 정도이다.

재처리 공장 역시 연료용 핵분열 물질과 핵폭탄용 핵분열 물질을 생산할 수 있다. 하지만 일반적으로 상용 사용후 핵연료에서 추출한 플루토늄은 원자로급 재료로서 핵무기 제조가 가능한 무기급에는 미치지 못한다. 그럼에도 불구하고 원자로급 플루토늄은 여전히 핵폭발에 사용될 수 있다. 따라서 재처리 공장은 이 플루토늄이 핵무기 프로그램을 가진 국가나 핵 테러리스트에게로 흘러들어가지 않도록 잘 보호하고 지켜야 한다.

Q

우라늄 농축 방법에는 어떤 것들이 있는가?

몇 가지 우라늄 농축 방법이 있지만 원심분리 기술이 세계적인 표준 방식이 되었다. 미래에는 레이저 농축이 현재의 기술적 장애 요소를 극복하고 효율적이고 경제적인 농축 방법이 될 것으로 예상된다. 원심분리와 레이저 농축 방법을 논의하기 전에 어떤 나라가 핵연료 생산 및 핵무기용 핵분열 물질 생산에 우라늄 농축 방법이 아닌 다른, 더 오래된 방법을 쓸 가능성이 있는지 알아보기 위해 우라늄 농축의 역사를 간단히 살펴보도록 하자.

첫 번째 농축 우라늄은 핵무기급 고농축 우라늄을 필요로 하였던 맨해튼 프로젝트에서 생산되었다. 이 프로젝트에서는 전자기적 동위원소 분리법, 열 확산법, 기체 확산법 등 세 가지 농축 방법을 조합하여 사용하였다. 첫 번째 방법에서는 우라늄-238로부터 우라늄-235를 추출하고 우라늄-235의 농도를 높이기 위하여 입자가속기를 이용하였다. 농축 과정을 시작하기 위하여 사염화우라늄(UCl4)을 전기로 가열해서 사염화우라늄 증기로 만들었다. 그런 후 이 증기 분자를 이온화시켰다. 즉 사염화우라늄에서 한 개의 전자를 떼어내어 양이온을 만들었다. 이어 전기장으로 이온이 고속이 되도록 가속시키는데, 수직 자기장이 가해지면 가속된 이온들이 원운동을 한다. 이때 가벼운 우라늄-235는 우라늄-238보다 작은 반경으로 원운동을 한다. 이 두 종류의 이온은 구멍을 통과시켜 다른 포집기로 보내진다. 이 방법은 쉬운 것처럼 보이지만, 일반적으로 공급한 재료의 반 이하만 이온화되고 이온화된 재료의 반 이하만 포집되기 때문에 매우 비효율적인 방법이다.

미국은 1940년대 초에 테네시 주 오크 리즈(Oak Ridge)의 와이-12(Y-12) 공장에서 일종의 전자기적 동위원소 분리 장치인 칼루트론을 사용하였다. 5대 핵무기 보유국 모두 어느 정도 전자기적 동위원소 분리를 시험하고 사용하였지만, 더 효과적인 방법이 생겨나면서 이 방법은 더 이상 사용되지 않는다고 간주되었다. 하지만 1980년대와 1990년대 초에 이라크가 이 방법을 사용하려고 하였던 것이 밝혀졌다. 이 방법은 비밀로 분류되지 않았기 때문에 이라크는 이와 관련된 상세 자료를 쉽게 확보할 수 있었다.

두 번째 원조 농축 방법은 가열할 때 가벼운 원소가 무거운 원소보다 빠르게 상승하는 원리를 이용한 열 확산법이다. 이 방식은 제2차 세계대전 동안 테네시 주 오크 리즈에서 위에서 설명한 전자기적 동위원소 분리법에 투입 재료로 사용되던 농도 1%의 우라늄-235를 생산하는 데 한시적으로 사용되었다. 열확산 공장은 맨해튼 프로젝트 동안 증기확산 공장이 가동을 시작하면서 철거되었다.

증기 확산법은 우라늄-238에서 우라늄-235를 분리하는 분자 분출 이론에 근거를 두고 있다. '분출'은 가벼운 가스가 무거운 가스보다 작은 구멍을 더 빠르게 통과하는 것을 가리킨다. 이 구멍들은 농축 공장의 확산단 벽 안에 있다. 확산단에는 고압부과 저압부 사이에 벽이 있고 고압부에서 저압부로 가스분자를 몰아내는 압축기가 있다. 각각의 확산단은 다른 확산 단들과 배관으로 연결되어 있다. 우라늄 기체확산 공장에는 두 종류의 기체가 있는데 육불화우라늄-235와 육불화우라늄-238이다. 육불화는 6개의 불소 원자가 있음을 나타낸다. 6개의 불소 원자가 1개의 우라늄과 화학적으로 결합하여 육불화우라늄을 형성한다. 두 기체 사이의 속도 차이는 약 0.4%로 매우 작다.

따라서 저농축 우라늄을 만들 때조차도 다수의 확산단을 거쳐야 한다. 원자로나 무기를 만드는 데 필요한 우라늄을 농축하기 위해서는 수천 개의 확산 단이 필요하다. 이 공장들은 또한 에너지를 잡아먹는 기계이다. 예를 들어 프랑스 트리카스탱(Tricastin)에 위치한 기체확산 공장 조지 베세(Georges Besse) I은 3개의 대규모 원자력발전소에서 생산된 전기의 대부분을 소모한다. 미국과 프랑스는 2011년 초 현재 상용 기체확산 공장을 여전히 가지고 있으나 에너지 효율이 훨씬 더 좋은 원심분리 방식으로 교체 준비를 하고 있다. 이에 비해 새로운 조지 베세 II 원심분리 공장은 앞에서 언급한 3개의 발전소에서 나오는 전기의 대부분을 농축 공장에 보내는 대신 가정용과 상업용으로 공급하게 될 것이다.

원심분리 방식은 물체가 원운동을 할 때 발생하는 힘을 이용한다. 회전목마를 타고 돌고 있는 어린이를 상상해 보자. 무거운 어린이가 가벼운 어린이보다 더 큰 힘을 느낀다. 유사하게 원심분리기의 회전자는 가벼운 육불화우라늄-235 기체 분자보다 무거운 육불화우라늄-238 기체 분자에 더 영향을 미친다. 즉 무거운 육불화우라늄-238 기체 분자는 더 큰 힘을 받아 원심분리기의 벽 근처에 모이게된다. 이 때문에 원심분리기 벽 쪽에는 우라늄-235의 함유량이 자연 상태보다 낮다. 또한 벽에서 상대적으로 먼 곳에서는 우라늄-235의 농도가 자연 상태보다 높다.

기체확산 공장에 있는 각각의 확산단과 마찬가지로, 각각의 원심분리기는 한정된 농축 능력을 가진다. 따라서 저농축이든 고농축이든 원하는 농축 수준을 달성하기 위해서는 많은 원심분리기가 배관으로 연결되어야 한다. 보통은 수십에서 수백 개의 원심분리기가 '캐스케이드' 배열로 모여 있다. 농축 공장은 우라늄-235를 필요한 농축 수준과 양으로 생산하기 위해서 총 10개까지 캐스케이드를 가질 수도 있다. 캐스케이드의 연결과 각각의 캐스케이드 내의 원심분리기의 배열에 따라 원심분리 공장이 상용 원자로 연료인 저농축 우라늄을 생산하는 데 최적화되기도 하고 무기 제조를 위한 고농축 우라늄을 생산하는 데 최적화되기도 한다. 예를 들어 이란이 얼마나 핵무기 제조에 근접해 있는지를 농축 공장의 설계 형태를 통해서도 알 수 있다.

Q
우라늄 농축에 대한 핵확산 우려는?

핵확산에 대한 가장 큰 우려는 핵 암시장에서 핵농축 프로그램을 이전받은 이란에 집중되고 있다. 파키스탄 핵폭탄의 아버지라고 불리는 칸(A. Q. Khan)은 1970년대에 비밀 통신망을 구축하였고, 이 통신망은 칸이 파키스탄 텔레비전에서 자신이 책임자였음을 강제로 고백한 2004년 초까지 운영되었다.(이 통신망의 일부가 지금까지 존재할 수도 있다.) 칸 통신망은 아프리카, 아시아, 유럽 등의 10여 개국 이상과 연줄이 있었고, 이란, 리비아, 북한에 원심분리 농축 기술과 장비를 이전하였다. (핵확산에 대해서는 4장에서 심도 있게 논의하기로 하자.) 여기에서 중요한 점은 칸 통신망이 우라늄 농축이 가진 이중적 쓰임의 특성을 보여 준다는 것이다.

앞으로 핵확산이 훨씬 더 용이한 레이저 농축을 거래하는 핵 암시장이 생길 수도 있다. 레이저 농축 공장은 원심분리기에 비해 작은 창고 크기 정도의 면적만을 필요로 하므로 알아내기가 어렵기 때문에 핵확산이 용이하다. 레이저 농축에는 두 가지 방법이 있는데 원자 증기 레이저 동위원소 분리(AVLIS, atomic vapor laser isotope separation)와 분자 레이저 동위원소 분리(MLIS, molecular laser isotope separation)가 그것이다. AVLIS 방법에서는 강력한 펄스 레이저를 원자우라늄(다른 원소와 화학결합을 하지 않은 순수우라늄)에 주사시킨다. 적당한 파장을 가지도록 맞춰지면 이 레이저 빛은 선택적으로 우라늄-235만을 자극해서 이온화시킬 것이다. 이온화된 우라늄-235는 음으로 대전된 판에 의하여 수집된다. 이 동작원리는 이해하기는 쉽지만, 기술적인 어려움 때문에 이 방식을 상업화하는 것에 어려움을 겪고 있다.

MLIS 방법은 AVLIS와 주요 개념(레이저 자극을 이용하여 우라늄-238로부터 우라늄-235를 분리하는 것)이 같고 단계만 다르다. 두 방식의 차이점은 MLIS의 경우 육불화우라늄-235를 자극하고, AVLIS는 우라늄-235를 자극한다는 것이다. AVLIS와 마찬가지로 MLIS도 기술적인 어려움이 상업화를 방해하고 있다. 그럼에도 불구하고 MLIS의 하나인 실렉스(Silex) 기법은 현재 상업화를 목표로 연구 중인 한 업체에 따르면 상당한 가능성이 있어 보인다. 실렉스는 오스트레일리아의 골즈워디(Michael Goldsworthy)가 발명하였다. 오스트레일리아와 미국 정부는 실렉스 기법을 비밀로 하기로 기밀협약을 체결하였다. 북 캐롤라이나 주 윌밍톤(Wilmington)에 자리한 GLEC(Global Laser Enrichment Corporation)가 실렉스의 상업화를 연구 중에 있다. 이 연구가 성공하면 다른 핵 관련 업체들도 이 방법 또는 이와 유사한 레이저 농축 방법 개발에 뛰어들 것으로 보인다.

토륨 연료 주기란?

우라늄이 상용 핵연료 주기의 기본을 형성하고 있지만 언젠가는 토륨이 연료 주기의 핵심 원소가 될 것이다. 스웨덴의 화학자 베르셀리우스(Jons Jakob Berzelius)가 1828년에 토륨을 발견하면서 노르웨이 천둥신인 토르(Thor)의 이름을 본떠서 명명하였다. 토륨은 빛나는 은백색 금속으로 주기율표에서 90번째 원소이다. 토륨-232는 가장 일반적인 동위원소로 반감기가 지구의 나이보다도 훨씬 길어서 매우 천천히 붕괴한다. 토륨-235는 핵분열성 우라늄-235와 달리 쉽게 핵분열을 하지 않는다. 그러나 우라늄-238과 같이 풍부하여 핵분열 물질을 생산하는 데 효과적일 수 있다. 토륨-232는 중성자를 흡수해서 토륨-233이 되는데, 토륨-233은 매우 불안정하여 매우 짧은 22분의 반감기로 붕괴하여 프로트악티늄-233이 된다. 이 동위원소는 다시 반감기 27일로 빠르게 붕괴하여 반감기가 긴 핵분열 물질로서 원자로 연료로 사용 가능한 우라늄-233이 된다. 우라늄-233은 핵분열 시 평균적으로 우라늄-235나 플루토늄-239보다 더 많은 중성자를 방출하기 때문에 매우 효과적인 핵분열 물질이다. 따라서 일단 어떤 중성자들이 토륨-232를 우라늄-233으로 변환하기 시작하면, 우라늄-233의 핵분열은 그 핵반응을 지속할 중성자를 충분히 공급할 수 있다. 하지만 우라늄-233은 매우 효율적인 핵분열 물질이기 때문에 핵폭탄에 유용될 수 있다는 위험이 있다.

그러나 토륨 원자로는 핵폭탄 제조를 위해 우라늄-233을 추출하기가 어렵도록 설계되어 있다. 미국 해군 핵추진 프로그램의 수석과학자였던 레드코스키(Alvin Radkowsky)는 토륨-232와 프로트악티늄-233으로부터 우라늄-233을 분리할 필요가 없어서 핵무기 확산을 어렵게 만드는 특성을 가진 토륨 원자로를 디자인하였다. 이 원자로는 핵확산 방지 효과를 높이기 위하여 핵분열 우라늄-233의 농도를 희석할 만큼 충분한 양의 우라늄-238을 넣을 수 있게 되어 있다. 게다가 핵반응 중 생산되는 우라늄-232는 매우 방사능이 강해서 핵폭탄 제조 목적으로 우라늄에 달려드는 모든 사람에게 심각한 건강상 위협을 가하기 때문에 핵확산 방지 효과도 높다.

토륨이 유망한 또 다른 점은 우라늄보다 풍부하다는 것이다. 원칙적으로 토륨은 수백 년 동안 쓸 수 있는 양의 전기를 공급할 수 있다. 게다가 토륨 기반 원자로는 일반적으로 우라늄-235를 연료로 사용하는 원자로보다 수명이 짧은 방사성 폐기물을 생산한다. 이러한 많은 장점 때문에 과학자들과 공학자들이 이미 다수의 토륨 원자로를 건설하고 가동하였을 것으로 생각할 수 있으나, 토륨 연료 주기를 방해하는 장애요인들 때문에 아직 실현되지 못하고 있다. 우라늄-232가 가진 강력한 방사능으로 인하여 안전비용이 크게 증가하고, 상대적으로 짧은 반감기를 가진 강력한 알파선 방출체인 토륨-228 역시 핵연료의 안전한 취급을 어렵게 한다. 아마도 가장 큰 장애물은 우라늄-235 연료가 토륨 연료에 비하여 상당히 오래전부터 사용되었기 때문에 핵발전소 기반시설이 우라늄 핵분열 물질용으로 설립된다는 점이다. 우라늄-235가 풍부하게 남아 있는 한 토륨을 연료로 하는 원자력발전소를 건설하기는 어려울 것이다. 인도의 경우 토륨 보유량은 풍부하지만 자국 우라늄 공급량이 매우 적어서 토륨을 상업화할 동기를 가지고 있었는데, 2008년 이후 국제 우라늄 시장에서 우라늄 구입이 가능해졌기 때문에 그 동기가 줄어들었다.

Q

원자로는 어떻게 전기를 생산하는가?

원자로는 노심에 열기관을 가지고 있다. 열기관의 내부에서는 열원이 작업 유체(일반적으로 물)를 고온으로 가열한다. 작업 유체는 노심에서 유체 가열을 통해 에너지를 얻고 냉각된 유체는 노심으로 되돌리는 루프에서 순환한다. 가열된 유체는 액체에서 기체로 상변화를 하거나 또는 상변화를 방지하기 위하여 고압 하에 있게 된다. 전자의 경우, 일반적으로 증기인 기체는 터빈으로 가게 되는데 터빈은 기본적으로 팬 모양 날개가 외부에 부착된 큰 실린더이다. 후자의 경우 과열된 고압의 물이 증기발생기에 있는 에너지를 증기를 만드는 다른 루프의 물로 전달한다. 이 두 번째 루프에 있는 증기가 터빈으로 간다. 이어 뜨거운 증기가 터빈의 날개에 부딪히면서 날개와 실린더가 빠르게 회전하게 된다. 터빈에는 전기 도체로 만들어진 단단히 감긴 전선 코일이 붙어 있다. 강한 자석을 전선 코일 근처에 놓고 전선 코일을 회전시키면 전기가 생산된다. 이 원리는 1820년대와 1830년대 초 영국의 과학자 패러데이(Michael Faraday)가 실험을 통해 발견하였다. 이 전기는 송전 선로를 통해 가정이나 산업체로 보내진다. 터빈과 발전기는 역학적 에너지를 전기에너지로 전환하는 역할을 한다.

원자로에서 나오는 대부분의 에너지는 전기를 만드는 데 사용되지 않는다. 현재 가동 중인 상용 원자로는 핵에너지를 전기에너지로 변환하는 효율이 약 33%이다. 즉 핵에너지의 3분의 1만 최종적으로 전기에너지가 된다. 나머지 에너지는 열이다. 일반적으로 이 열은 주변으로 흘러가고 결국 낭비되는데, 이것을 '폐열' 이라고도 부른다. 이 열의 많은 부분이 지역난방이라고도 불리는 주거 난방이나 산업용 난방 등 다른 목적으로 사용될 수 있지만 원자로가 통상적으로 안전 문제로 도시에서 먼 곳에 위치하고 있기 때문에 원자력 폐열을 이용한 주거 난방이나 산업용 난방은 거의 이용되지 않고 있다.

Q
한 개의 대형 원자로는 얼마나 많은 사람들이 쓸 수 있는 전기를 생산할까?

대형 원자로는 최소 1,000메가와트, 즉 10억 와트의 전력을 생산한다. 미국에 있는 104개 원자로의 전력수치 총합은 1,000메가와트 원자력발전소 100개에 해당한다. 이 말은 미국 내의 원자로를 모두 합하면 최대 100,000메가와트의 전력을 생산할 수 있음을 의미한다. 이들 원자로는 3억 인구가 필요로 하는 전기 수요의 약 20%를 제공한다. 즉 한 개의 원자로는 600,000명이 사용하는 전기를 생산한다.

Q

전기 생산에 사용되는 원자로에는 어떤 종류가 있는가?

원자로 설계자들은 핵반응 시 중성자의 속도를 줄일 것인지, 고속 중성자를 이용할지, 원자로 중심이 녹는 것을 막기 위하여 어떤 종류의 냉각재를 사용할지, 냉각재를 액체 상태로 유지하기 위해서 냉각재에 압력을 가해 원자로 용기 내에서 끓게 할지 아니면 원자로 노심과 접촉하는 동작 유체로 기체를 사용할지를 선택해야 한다.

중성자를 감속시키는 주요 이유는 핵분열 가능성을 높이기 위해서이다. '열중성자'라고 불리기도 하는 저속 중성자는 고속 중성자보다 우라늄-235를 핵분열시키는 확률이 더 높다. 중성자를 감속하기 위해서는 감속재가 필요한데, 감속재는 고속 중성자와 빠르게 상호작용을 하며 중성자를 감속시켜 중성자의 에너지를 열에너지 수준으로 만들 수 있는 물질들로 이루어져 있다. 움직이는 당구공이 정지해 있는 다른 당구공과 충돌하는 것을 상상해 보자. 충돌 후에 정지해 있던 공은 속도가 생기고 움직이던 공은 속도가 느려진다. 또한 공이 마찰이 없는 표면 위에 있어서 다른 공들과 충돌에 의해서만 에너지를 교환한다고 상상해 보자. 일반적으로 몇 번의 충돌만으로 그 움직이는 공은 다른 공들에 에너지를 전달하고 눈에 띄게 느려지게 된다.

이 비유를 원자로에 적용해 보면, 중성자는 질량이 거의 같은 다른 중성자 또는 양성자와 충돌을 통해서 운동에너지를 빠르게 전달할 수 있다는 것을 알 수 있다. 에너지 보존과 운동량 보존 법칙에 의하여 운동에너지는 같은 질량을 가진 물체들 사이에 가장 효과적으로 전달된다. 이런 사실 때문에 핵 속에 양성자 한 개를 가지고 있는 물질이 중성자를 감속하는 데 가장 좋다. 이런 특성을 가진 흔히 볼 수 있는 물질이 수소 원소 두 개와 산소 원소 한 개로 이루어진 물이다. 각각의 수소 원자는 핵에 양성자 1개를 가지고 있다. 물은 풍부한 데다가 감속재 역할뿐 아니라 냉각재 역할도 할 수 있다. 감속재를 사용하는 원자로는 열에너지 중성자에 의한 핵분열에 주로 의존하기 때문에 '열중성자로'라고 불린다.

현재 운영 중인 대부분의 상용 원자로는 열중성자로이다. 이 원자로들은 일반적으로 물을 이용하여 감속하고 원자로 노심을 냉각한다. 하지만 어떤 원자로 설계에서는 물은 주로 냉각재로 사용하고 감속재로는 탄소의 한 형태인 그래파이트를 사용한다. 러시아에는 11개가 가동 중인데 체르노빌 형 원자로가 이렇게 디자인되어 있다.

감속재와 냉각재로 물을 사용하는 원자로들은 어떤 종류의 물을 선택하느냐가 연료 선택에 많은 영향을 미친다. 일반적인 물은 '경수'라고 불린다. 경수는 두 개의 무거운 수소, 즉 중수소 원자들이 1개의 산소와 결합한 '중수'와 구별된다. 앞에서 설명한 바와 같이 가벼운 수소에 있는 양성자가 중성자와 질량이 거의 같아서 경수가 고속중성자를 감속하는 데 이상적으로 보인다. 대조적으로 중수소 원자는 핵 속에 양성자 1개와 중성자 1개를 가지고 있어서 질량이 중성자 질량의 2배이다. 따라서 충돌 동안 에너지를 전달하는 데 이상적이지 않다. 하지만 가벼운 수소는 중성자를 포획하려는 성질이 있어서 중성자와 양성자가 충돌할 때마다 확률은 작지만 이 두 입자가 결합하여 중수소 원자를 형성할 가능성이 있다. 문제는 그럴 경우 핵분열에 필요한 중성자가 감속되는 것이 아니라 사라진다는 것이다. 대조적으로 중수소가 중성자를 포획하는 확률은 훨씬 더 작다. 빠른 에너지 전달과 중성자 포획을 저울질해 보면 중수소가 더 좋은 감속재임을 알 수 있다. 결과적으로 중수 원자로에 핵분열을 위해 사용 가능한 열중성자가 더 많다. 이것은 상대적으로 저농축된 우라늄-235를 가진 천연 우라늄도 이런 종류의 원자로에 연료로 사용될 수 있음을 의미한다.

반면에 경수 원자로는 사용 가능한 열중성자가 더 적기 때문에 이를 보충하기 위하여 더 높은 농도의 농축 우라늄-235를 필요로 한다. 사실 더 적은 수의 총알인 중성자로 핵반응을 지속시키기 위해서는 더 많은 표적인 우라늄-235가 필요하다. 경수 원자로는 미국의 모든 원자로와 세계 원자로의 80% 이상을 차지하는 지배적인 상용 원자로 유형이다.

캐나다의 핵공학자들은 캔두(CANDU, Canadian Deuterium Uranium)라고 불리는 중수 원자로를 개발하였다. 캐나다와 더불어 인도, 한국도 캔

두 타입 원자로를 보유하고 있다. 캔두는 통상적으로 육지와 바다에서 구한 천연 우라늄을 연료로 사용하지만, 경수 원자로에서 만들어진 사용후 핵연료를 재활용한 연료뿐 아니라 저농축 우라늄을 연료로 사용할 만큼 연료 선택에 유연성이 있다. 또한 캔두는 연료를 재공급하기 위하여 가동을 중지하지 않아도 되는데, 이는 연속적인 전력 생산이라는 이점을 제공한다. 그러나 외부의 관찰자가 캔두 발전소의 인공위성 이미지 등을 통해 언제 연료를 재장전하는지 감시할 수 없기 때문에 플루토늄이 전용되는 통로가 될 수도 있다. 이와 달리 경수 원자로는 연료 재장전을 하려면 가동을 중지해야 한다. 따라서 인공위성 사진에 원자로 가동 시 냉각탑에서 나오는 수증기가 사라지면 경수로 원자로가 연료 재장전 중임을 알 수 있다.

냉각재로 경수를 사용하는지 중수를 사용하는지 여부로 구별되는 원

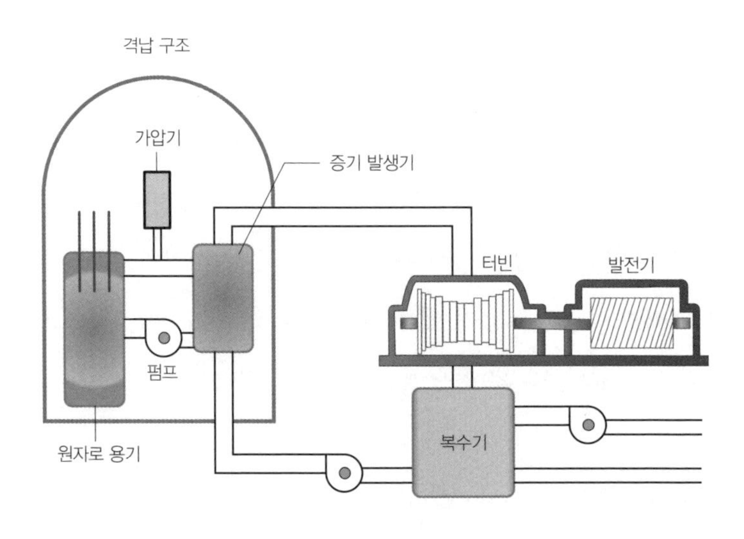

가압수형 원자로가 있는 발전소

자로는 다시 물의 가압 여부에 따라 세분할 수 있다. 가압수형 원자로(PWR, pressured water reactor)는 두 개의 루프의 물을 사용한다. 앞의 그림은 가압수형 원자로의 주요 부분을 보여 준다. 1차 루프에서 물은 원자로 노심을 통하여 순환하고 이 물이 고온으로 가열되지만 끓지 않도록 충분한 압력을 가한다. 앞에서 언급한 바와 같이 1차 루프에 있는 뜨거운 물 에너지의 대부분은 증기발생기에서 증기를 생산할 수 있도록 2차 루프의 물로 전달된다. 수증기가 터빈을 돌린 후에, 수증기는 액화되어 물이 되고 급수 펌프에 의해 증기 발생기로 돌아가면서 주기가 완성된다.

대조적으로 비등수형 원자로(BWR, boiling-water reactor)는 원자로 노심의 에너지를 터빈으로 전달하는 데 1개의 루프를 이용한다. 다음 그림은 비등수형 원자로의 주요 부분을 보여 준다. 원자로 용기 내에 있는

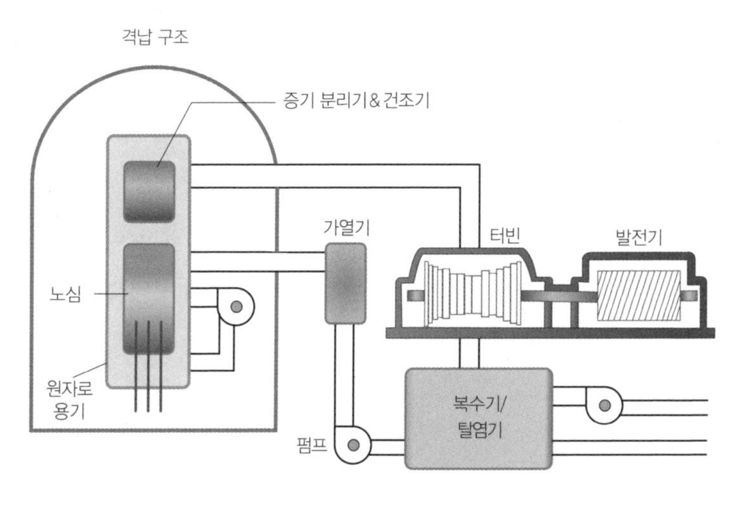

비등수형 원자로가 있는 발전소

노심 위의 물은 끓도록 되어 있다. 가압수형 원자로와 마찬가지로, 비등수형 원자로의 수증기는 터빈에 닿은 후 액화되어 물이 된다. 미국에서는 104개의 상용 원자로 중 3분의 2가 가압수형 원자로이고 3분의 1이 비등수형 원자로이다. 세계적으로는 약 60%가 가압수형 원자로이고 20%가 비등수형 원자로이다.

고속 중성자 원자로는 핵분열을 위해서 고에너지 중성자를 이용한다. 그래서 이런 원자로들은 감속재를 사용하지 않지만, 노심이 녹는 것을 방지하고 원자력에서 발생한 열을 발전기에서 전기 생산에 이용하도록 전달하기 위하여 냉각재를 필요로 한다. 또한 고속 중성자는 우라늄-235 핵분열을 위해서는 최적의 에너지를 가지고 있지 않기 때문에, 고속 중성자로는 고속 중성자 사용을 효과적으로 만드는 고농축 우라늄, 플루토늄 등의 다른 핵분열 물질을 사용해야 한다. 고속 중성자 사용에 많은 안전상 문제가 있고 열중성자로가 좀 더 저렴하기 때문에, 현재는 극히 소수의 고속 중성자 원자로만이 가동되고 있다. 핵연료 주기를 완전히 닫을 것을 지지하는 사람들은 수명이 긴 방사능 물질을 태워 없애기 위해 고속 중성자 원자로가 필요하다고 주장하였다. 고속 중성자의 안전성과 비용 효율성 확보에 따라서 의견이 다르겠지만 대부분의 전문가는 고속 중성자로가 널리 배치되려면 수년에서 수십 년이 걸릴 것이라는 데에 의견을 같이하고 있다.

마지막으로 가동 중인 몇몇의 상용 원자로는 냉각재로 가스를 이용한다. 특히 영국에서 디자인한 첨단 기체냉각원자로(AGR, advanced gas cooled reactor)는 이산화탄소를 냉각재로, 그래파이트를 감속재로 사용한다. 게다가 수천 개의 우라늄 연료 공이 박힌 그래파이트를 이용하여 감속하는 첨단 기체냉각원자로인 페블베드(Pebble Bed) 원자로도 있는데, 이 원자로는 근원적으로 원자로가 녹을 위험이 매우 작도록 안전하게 디자인되었다. 그럼에도 불구하고 설계자들은 이 디자인에 대한 신뢰도를 더 높이기 위하여 전통적인 원자로에서 사용하던 안전 대책도 그대로 계속 사용할 수 있게 하고 있다.

Q

왜 가동 중인 원자로 디자인은 다양하지 않을까?

여러 유형의 원자로 디자인들이 고안되었으나, 널리 채택된 디자인은 상대적으로 소수이다. 어떤 기술을 선택하느냐는 종종 초기 디자인들과 정부의 지원에 의해 결정되기 때문이다. 상용 원자력이 궤도에 오르기 시작한 1950년대 초, 미국 정부는 핵잠수함 프로그램에 투자를 하고 있었다. 이 프로그램의 책임자인 리코버(Hyman Rickover)는 잠수함에 알맞은 소형 원자로가 필요하였다. 해군은 곧 가압수형 원자로와 비등수형 원자로라는 두 개의 디자인을 채택하였다. 그리고 미국은 소형 원자로 노심용 고농축 우라늄을 대량 생산할 수 있었기 때문에, 해군은 핵추진 함정들의 연료로 무기급 우라늄을 이용하기로 결정하였다. 상용 원자로 디자인 역시 해군이 선택한 두 가지 디자인의 기본 원칙을 따랐으나, 대신 무기를 만들 수 없는 저농축 우라늄 연료를 사용하였다.

핵추진 함정에 대한 강력한 추구가 없었고 미국 해군이 이 두 디자인을 채택하지 않았다면, 세계의 상용 원자력발전소는 전기를 더 효과적으로 생산하기 위해서 다른 디자인을 채택하였을 수도 있다. 뒤에 논의하겠지만, 제도화된 관성을 극복하여 기존 기술로부터 새로운 전환을 이룬다면 앞으로 4세대 원자로는 다른 원자로 디자인 선택을 가능하게 하고 그 외 다른 이점들도 제공할 수 있을 것이다.

Q

4세대 원자로란 무엇이며 이들이 혁신적인 이유는?

현재 가동 중인 원자로는 대부분 1950년대의 1세대 원자로에 바탕을 둔 2세대 원자로로 간주된다. 몇몇 3세대 원자로가 등장했지만, 일반적으로 2세대 원자로를 개선한 것으로 간주되고 있다. 참으로 혁신적인 디자인은 21세기 중반이 되어야 이용 가능할 수 있을 것이다. 이런 디자인을 4세대라고 부른다. 4세대 디자인도 대부분 이전 세대 디자인에 기반을 두겠지만, 새로운 기술, 특히 안전과 효율에 있어서 중요한 혁신을 이룰 것이다. 4세대 포럼(GIF)에서는 4세대 디자인의 6가지 주요 특성에 대하여 조사하였다.

첫째, 초임계 수냉 원자로는 2, 3세대의 전형적인 가압수형 원자로보다 훨씬 더 높은 온도와 압력의 물을 냉각재로 사용한다. 고온으로 인하여 에너지 효율을 가압수형 원자로의 33%에서 45%로 훨씬 더 높일 수 있다. 물이 초임계 상태로 터빈으로 직접 보내짐으로 수증기 발생기나 2번째 루프가 필요하지 않다. 이 점은 비용을 크게 절감시켜 줄 수 있다.

둘째, 초고온 가스 원자로는 중성자 감속에 그래파이트를 사용하고 냉각재로 헬륨 가스를 이용할 것이다. 현재의 디자인보다 좋은 점은 헬륨이 화학적으로 반응성이 없다는 것이다. 그리고 고온인 950℃는 2세대의 315℃에 비하여 원자로 효율이 훨씬 더 높다. 또한 고온은 산업적 응용이나 수소 생산에 필요한 대량의 열을 제공할 수 있으며, 풍부한 양의 수소는 자동차와 트럭용 연료 전지에 사용될 수 있다. 이와 같은 교통수단은 유해 가스를 거의 또는 전혀 배출하지 않는다.

셋째, 기체 냉각 고속 중성자로는 연쇄반응을 일으키기 위하여 고에너지 또는 고속 중성자를 사용할 것이고 원자로 노심으로부터 열을 전달하기 위하여 헬륨 가스를 사용할 것이다. 온도는 전기 생산 및 수소 양산에 충분할 정도로 고온일 것이다. 이런 종류의 원자로는 수명이 긴 핵분열 물질을 소모할 수 있는 버너 모드(burner mode) 또는 연료 목적으로 더 많은 플루토늄 생산이 가능한 브리더 모드(breeder mode)에서 동작할 수 있다. 버너 모드는 저장이 필요한 방사성 폐기물을 감소시키는 데 효과적일 것이다. 하지만 브리더 모드는 원칙적으로 핵분열 물질을 무기제조용으로 오용할 수 있다.

넷째, 납 냉각 고속 중성자로는 고속 중성자를 이용하지만 액체 납이나 납-비스무스를 노심으로부터 열을 전달하는 데 사용할 것이다. 또한 이 원자로는 고온 또는 극고온에서 가동하여 수소를 생산할 수 있다. 이 디자인의 또 다른 장점은 연료 유연성이다. 이 디자인은 우라늄, 플루토늄, 토륨 기반 연료와 다른 핵분열 물질을 이용할 수 있다. 설계자들은 작게는 300메가와트 급으로부터 크게는 1,400메가와트 원자로에 이르기까지 광범위한 전력 등급으로 디자인하였다. 소형 원자로는 많은 개발도상국에서 전기 공급망에 연결할 수 있다.

다섯째, 소듐 냉각 고속 원자로는 액체 소듐을 이용해서 열전달을 할 것이다. 이 디자인은 몇몇 국가에서 이미 사용되고 있으며 다른 4세대 디자인만큼 혁신적이지는 않다. 소듐 냉각은 누출이 발생할 경우 소듐에 불이 잘 붙기 때문에 위험하다. 1995년에 일본 몬주(Monju)에 있는 고속 원자로에서 2차 냉각 시스템에 작은 구멍이 생겨 누출이 발생한 적이 있다. 누출로 발생할 수 있는 소듐과 공기 중 산소와의 반응은 막았지만 이로 인해 원자로가 폐쇄되었다. 일본의 원자력산업 당국은 원자로를 재가동하기 위하여 대중의 신뢰를 얻으려고 여전히 힘쓰고 있으나 상업적인 재가동은 연기되었다. 프랑스에서는 1997년에 조스팽(Lionel Jospin) 수상이 과도한 비용과 형편없는 운영 실적 때문에 슈퍼피닉스(Superphénix) 고속 원자로 폐쇄 명령을 내렸다. 또한 조스팽 수상의 많은 정치적 지지자들이 원자력, 특히 슈퍼피닉스를 반대하였다. 러시아는 현재 한 개의 소듐 냉각 고속 원자로를 가동하고 있다. 인도는 이런 유형의 원자로 건설을 추구한 것 같지만, 최근 상용 우라늄 시장에서 열원자로 연료인 우라늄의 구입 권한을 획득하였기 때문에 이런 원자로 설립 욕구가 약화될 가능성이 있다.

마지막으로, 용융염 고속 원자로는 고속 중성자 디자인 종류이지만, 액체 불화염을 냉각재로 사용하고 불화염에 우라늄을 넣은 우라늄염 혼합물을 연료로 사용한다. 노심의 온도는 수소 생산에 충분하도록 높을 것이다. 이 디자인의 또 다른 변종은 중성자 감속에 그래파이트를 이용하는 것이다. 우라늄 불화염 연료는 사용후 연료 집합체를 만들지 않는 장점이 있다. 게다가 수명이 긴 핵폐기물을 태워 없애므로 저장이 필수인 고준위 폐기물을 크게 감소시킬 수 있을 것이다.

이 모든 디자인들이 예비 연구를 거쳤고 어떤 경우에는 작동도 해 보았지만 상업화를 하려면 정부의 막대한 투자가 요구된다. 업계는 엄청난 초기 비용 때문에 투자를 하지 않으려고 할 것이다.

Q

원자로는 전기 생산 외에 무엇을 할 수 있는가?

오늘날 원자로는 잠수함과 전함에 추진력을 제공하는 데 이용되고 있다. 군함의 원자로는 수직 통로를 통해 프로펠러에 연결된 터빈을 돌리는 수증기를 생산함으로써 군함에 추진력을 제공한다. 예를 들면 소련은 해군 군함용으로 250개 이상의 원자로를 보유하였는데, 이 원자로의 대부분은 냉전 종식 후에 사용을 중지하였다. 러시아는 원자로를 북극해에서 쇄빙선에 추진력을 공급하는 데도 사용하였다. 게다가 러시아 핵공학자들은 전기가 필요한 해안 도시로 끌고 갈 수 있도록 수상 원자력발전소를 만들었다.

항해용 원자로 외에도 과학자들은 중성자와 감마선이 물질에 미치는 영향, 인공위성의 소자, 중성자 방사화 분석을 이용한 다른 물질 생산, 연구 및 상업용 방사성 동위원소 생산 등을 연구하기 위하여 수백 개의 연구용 원자로를 사용하고 있다. 이 원자로들은 전기를 생산하는 상용 원자로보다 발전 용량이 훨씬 더 적음에도 25메가와트급 이상의 용량을 가진 연구용 원자로는 핵확산 방지 관점에서 우려 대상이 되고 있다. 이 크기의 원자로는 매년 한 개의 핵무기를 생산하는 데 필요한 플루토늄을 생산할 수 있다. 특정 유형의 방사성 동위원소로 만든 핵 배터리는 인구 밀집 지역에서 멀리 떨어진 등대나 우주탐사선에 전기를 공급할 수 있다.

2장

에너지 안보와 원자력발전소 건설비용

Q

에너지 안보란?

에너지 안보에 관한 핵심 개념에는 이용 가능성, 신뢰도, 감당할 수 있는 비용이 있다. 즉 이용 가능한 에너지원이 많으면 에너지 안보 수준이 높아진다. 에너지 공급자가 에너지를 안정적으로 공급하는 것 역시 에너지 안보를 향상시킨다. 마지막으로, 에너지 안보는 공급자들이 에너지 공급 가격을 적절하게 부과하는 것과 연관되어 있다. 너무 낮은 가격은 공급자들에게 불충분한 수익을 제공할 것이고, 너무 높은 가격은 소비자들이 사용을 효율화하도록 함으로써 에너지 공급에 대한 요구가 줄어들 것이다. 후자의 경우 공급자들이 기존 에너지 공급원으로부터 얻는 수익에 지나치게 의존하다 보면 상당한 어려움을 겪게 될 수 있다. 예를 들어 석유수출국기구(OPEC) 지도자들은 보통 석유 가격이 너무 낮거나 높아지지 않도록 생산을 조정한다.

한편 에너지 소비국들은 하나 또는 몇몇 산유국에만 지나치게 의존하지 않고 안정적으로 석유를 공급받기를 바란다. 이런 국가의 지도자들은 "석유의 안전과 확실성은 다양성에 있고 오로지 다양성에만 존재한다."라는 처칠(Winston Churchill)의 충고를 따르는 것이 좋을 것이다. 처칠은 제1차 세계대전 바로 직전 해군장관을 지내면서 이런 통찰력으로 영국 해군의 에너지원을 석탄에서 석유로 바꾸기로 결정하였다. 석유가 단위 용적당 에너지가 높고 재급유가 용이하기 때문이었다. 그 당시 단점은 영국에 석탄만큼 석유가 풍부하지 않다는 것이었다. 하지만 영국은 다양화에 대한 처칠의 금언을 따르지 않았고 점점 더 중동, 특히 이란의 석유공급에 의존하게 되었다. 이후 영국은 이란 정부를 조정하는 것에 대한 전략적 관심을 가지게 되었다. 이란 정부를 조정하여 영향을 미치려는 영국의 의도는 미국과 함께 쿠데타로 모사데흐(Mohammad Mosaddegh) 수상을 전복시키고 사실상의 독재자인 팔레비(Shah Reza Pahlavi)를 권좌에 올리려고 한 1953년 8월에 최고점에 다다랐다. 이 일은 이란 지도자들과 많은 이란인들이 오늘날까지 미국과 영국 정부에 반감을 가지게 되는 의도치 않은 결과를 낳았다. 이처럼 에너지를 안정적으로 공급하려는 조치들은 지대한 지정학적 영향을 미칠 수 있다. 에너지 소비국들은 다양한 외부 에너지 공급을 추구하는 것과 더불어 새로운 공급원을 개발함으로써 에너지 안보를 굳건히 할 수 있다. 브라질은 해저 시추를 통한 석유 탐사 그리고 사탕수수에서 생산되는 운송연료용 에탄올에 더 많은 투자를 한 좋은 예이다. 수십 년간의 노력 끝에 브라질은 운송연료를 근본적으로 자급자족할 수 있게 되었다.

원자력 에너지의 경우, 원자력발전소가 있는 나라는 우라늄 공급과 다양한 연료 생산국으로의 접근성이 보장되길 원할 것이다. 그리고 다양한 원자로 공급자들을 원할 것이다. 이들 나라의 결정권자들은 최종적으로 한두 개의 원자로 디자인을 선택한다고 하더라도 일단 각 원자로의 장점과 위험을 저울질하면서, 또한 공정한 가격을 얻기 위해 원자로 업체들 간의 경쟁을 이용하여 서너 개의 디자인을 고려해 보기를 원할 것이다.

Q

에너지 독립은 실현가능한가?

모든 나라는 정치 · 경제적으로 상호연계되어 있다. 이런 상호연계는 에너지 사용과 획득 범주로까지 확대된다. 정치가들은 에너지 독립을 주장함으로써 표를 얻을 수 있겠지만 실제로 거의 모든 나라가 에너지원 또는 이 에너지원을 이용해 차량연료, 발전기, 주거용 · 산업용 냉난방 시스템을 만드는 기술을 다른 나라에 의존하고 있다. 이런 상품과 서비스 시장이 공정하게 작동하는 한 에너지 공급 차질에 대한 걱정은 하지 않아도 된다. 오늘날 에너지 공급에 있어서 가장 큰 우려는 석유가 차와 트럭의 연료로 거의 독점적 지위를 가지고 있다는 것이다. 즉 대부분 나라의 운전자들은 석유에서 나온 휘발유 또는 디젤 이외에 연료 선택권이 거의 없다. 화석연료의 대안으로 식물에서 나온 에탄올과 바이오디젤이 있다. 예를 들어 미국이 휘발유 대체연료로서 일정량의 에탄올 생산을 강제해 왔음에도 불구하고, 미국에서 판매되는 대부분의 차는 현재 연료 혼합비율에 있어서 에탄올을 15% 이상 이용하지 못한다. 에탄올은 미국에서 주로 옥수수로부터 생산되는 알코올이다. 하지만 사탕수수와 콩에서 만들 수도 있고, 다른 당 함유 곡식과 식물을 정제하여 만들 수도 있다. 이 연료를 건초용 풀 같은 비식용 작물로부터 얻을 수 있다면 파급효과가 큰 기술적 혁신이 될 것이지만, 이런 식물의 섬유소는 분해하기가 더 힘들다.

미국을 비롯한 여러 나라에서 판매되는 대부분의 연료는 여전히 휘발유이다. 에탄올과 메탄올을 더 많이 혼합한 연료를 이용할 수 있는 플렉스 차량으로 바꾸는 데 약 100달러밖에 들지 않지만, 여전히 미국에서는 플렉스 연료 차량은 극소수에 불과하다. 이와 대조적으로 브라질에서는 많은 차량이 혼합연료 사용 가능 차량이다.

최근 등장한 또 다른 운송연료 옵션은 전기자동차의 동력인 전기이다. 전기자동차에는 순수하게 전기로 작동되거나 전기 공급이 부족할 때 휘발유로 작동되는 예비 엔진을 장착한 하이브리드 차량이 있다. 소비자에게 차량연료 선택권을 더 많이 준다고 해서 완전한 에너지 독립을 의미하는 것은 아니지만 석유공급국에 대한 의존도는 낮출 수 있을 것이다.

운송 분야와 달리 전기 생산 분야는 소비자에게 석유, 석탄, 천연가스, 원자력, 수력, 태양력, 풍력 등 서너 가지의 연료 선택권을 제공한다. 어떤 단일 에너지원이 독점적 영향력을 가지고 있지 않지만, 많은 나라가 전기 생산의 많은 부분을 석탄에 의존하고 있고, 점점 더 많은 나라들이 천연가스를 이용하고 있다. 원자력 발전을 하는 국가 중에 몇몇 국가만이 전기의 과반 이상을 원자력으로부터 생산하고 있다. 프랑스는 전기의 거의 80%를 원자력 발전에서 얻고 있으며, 벨기에와 슬로바키아는 50%를 약간 넘고 우크라이나는 50%에 약간 못 미친다.

Q

일부 국가들의 원자력 연료 시장진입이 봉쇄된 적이 있는가?

봉쇄된 적이 있다. 원자력 연료 시장은 대체로 믿을 만하지만, 어떤 나라들은 연료 공급 중단을 경험하였고, 시장이 믿을 만하지 못하다는 점을 감지하였거나 원자력 연료로의 접근에 제재가 가해질지도 모른다는 우려를 표명하기도 하였다. 1970년대까지는 미국이 소련을 제외한 다른 나라들에게 상업용 우라늄 농축 서비스를 제공하는 유일한 나라였고, 소수 국가만 대규모 우라늄 광산을 지배하였다. 이런 상황이 우라늄 농축 시장의 경쟁을 불러일으켜 현재 프랑스, 러시아, 독일의 우렌코(Urenco) 컨소시엄(영국 · 독일 · 네덜란드 3국이 균등 출자해서 설립한 우라늄 농축 회사), 영국, 네덜란드 등 몇몇 주요 우라늄 농축 공급국이 생겼으며 중국이 이 뒤를 따르고 있다. 아파르트헤이트(apartheid, 흑백 분리를 의미하는 인종차별정책–옮긴이) 정권 동안 남아프리카공화국은 다국적 제재를 받았고 원자력 연료 공급이 거부되었다. 4장에서 핵확산에 대해 좀 더 자세히 다루겠지만, 인도는 플루토늄을 만들어 1974년에 원자폭탄을 실험하였는데, 연구용 원자로에 대한 보안조치 위반에 따라 2008년 후반까지 이 시장으로의 진입이 봉쇄되었다.

이란은 원자력 연료 시장으로의 접근이 거부된 가장 눈에 띄는 예이다. 이란은 팔레비가 통치하던 1974년에 프랑스 정부에 농축 시설 건립 비용으로 10억 달러를 차관으로 주었고, 1977년 유러디프(Eurodif, 유럽 우라늄 농축 기구. 프랑스를 중심으로 이탈리아 · 에스파냐 · 벨기에의 4개국이 공동 출자하여 설립) 소유권 매입을 위해 1억 8,000만 달러를 또 지불하였다. 그러나 1979년 이슬람 혁명 후 얼마 되지 않아 이란 정부는 원자력 개발을 포기하기로 결정하고 프랑스에 지불하였던 돈을 돌려받기 위해 소송을 제기하였다. 이 소송은 1991년에 투자비와 이자를 합해 이란에게 16억 달러를 배상하는 것으로 일단락되었다. 하지만 이란은 소피디프(Sofidif)라는 프랑스-이란 컨소시움을 통해 여전히 유러디프의 간접적 주주로 남았다. 이후 원자력에 대한 관심이 되살아난 이란은 그 당시 농축 우라늄을 공급해 줄 것을 요구하였으나 프랑스는 계약 시효가 지났고 1991년 소송으로 이란이 유러디프의 농축 우라늄에 대한 권리를 주장할 수 없다고 지적하면서 이 요구를 거절하였다. 이란은 이 경험을 농축 설비의 다국적 소유가 회원국의 요구대로 작동하지 않음을 보여 주는 예로 인용하였다. 한편 프랑스는 이란이 취한 행동에 근거하여 이란이 향후 다국적 소유 농축 시설에 자금을 조달할 파트너로서 믿음직하지 않다고 믿게 되었다.

Q

유럽 국가들의 러시아 의존도는 과도한가?

러시아는 유럽의 천연가스 수요의 상당량을 제공하고 있으며 이 수요는 계속 증가하고 있다. 러시아로부터 천연가스의 50% 이상을 수입하는 나라는 오스트리아, 불가리아, 체코, 그리스, 헝가리, 슬로바키아, 슬로베니아, 터키, 우크라이나 등이다. 이들 중에 체코, 헝가리, 슬로바키아, 우크라이나 등은 원자력 연료 역시 러시아에 의존하고 있다.

많은 분석가들은 이런 상황에 대해 러시아의 주요 수출품이 에너지임을 근거로 러시아가 소비자인 유럽에 의존한다고 주장한다. 그러나 이런 의존에도 불구하고 모스크바는 이미 에너지 공급을 축소하기 시작하였다. 2006년 1월 1일 러시아의 가스프롬(Gazprom)은 우크라이나가 가스 대금을 완납하지 않았을 뿐 아니라 유럽연합으로 가야할 가스를 유용한다고 주장하면서 우크라이나로의 천연가스 공급을 중단하였다. 우크라이나 국립가스회사는 처음에는 이런 혐의를 부정하였지만, 후에 자국이 이용하기 위해 약간의 가스를 유용하였음을 시인하였다. 가스프롬이 3일 후 가스 공급을 재개하였지만, 이 사건은 10개국 이상의 유럽 국가들에게 심각한 영향을 미쳤다. 유럽연합 가스의 약 80%가 우크라이나를 통해 유입되기 때문이다. 2009년 1월 발생한 러시아와 우크라이나 간의 또 다른 분쟁은 가스 중단으로 이어졌고, 유럽의 18개 나라가 가스 부족을 경험하였다. 이에 유럽 정부는 러시아의 가스 공급 신뢰성에 우려를 표명하면서 대안적 가스 파이프라인 설치, 천연가스에 대한 대안적 에너지원 모색, 공급 중단 충격을 완화하기 위한 천연가스의 전략적 비축 프로젝트 등을 모색하게 되었다.

원자력 사용의 증가는 이들 나라들이 천연가스 중단에 대해 좀 더 탄력적으로 대응할 수 있게 해 줄 것이다. 하지만 유럽에서 원자력 사용을 증가시키기에는 소련이 설계한 원자력발전소의 폐쇄에 대한 요구로부터 원자력에 대한 정치적 반대에 이르기까지 많은 장애요소가 있다. 불가리아, 리투아니아, 슬로바키아는 유럽연합에 들어가는 조건으로 소련이 설계한 원자력발전소를 폐쇄해야 했다. 1990년대 후반 독일 연방정부는 원자력에 대한 정치적 반대 때문에 자국의 원자력발전소를 점차적으로 폐쇄하고 새로운 원자력발전소를 건설하지 않기로 하였다. 또한 독일은 온실가스 배출 억제에 있어서도 선도적인 역할을 해 왔다. 독일의 경우, 석탄을 연료로 하는 석탄발전소가 전력의 대부분을 생산하는데, 앞으로 태양열이나 풍력 같은 재생 가능한 에너지원 사용을 상당히 증가시키려고 계획하고 있다. 그러나 해체된 원자력발전소를 대체할 충분한 풍력농장과 태양광발전소를 건설하려면 몇 년의 시간과 많은 비용이 들기 때문에 독일은 온실가스 배출을 감소시킨다는 목적을 달성하기 위하여 그리고 단계적으로 폐지되는 원자력발전소를 보충하기 위하여 더 많은 천연가스를 수입할 수밖에 없을 것이다. 따라서 독일은 수입 천연가스, 특히 러시아로부터 공급받는 천연가스에 더 의존할 수밖에 없어 에너지 안전성이 낮아질 위험이 있다.

Q

원자력 에너지는 화석연료 의존도를 줄이는 데 어떤 역할을 하였는가?

원자력은 미국과 프랑스에서 발전용 석유에 대한 의존도를 감소시켰다. 이러한 큰 변화는 1970년대에 시작되었다. 1970년대 초에 미국에서는 석유 생산이 최고 수준에 다다랐으며, 그 이후에는 국내 석유 생산 능력이 증가하는 석유 수요를 따라잡지 못하였다. 1973년 제4차 중동전쟁 중 미국이 이스라엘 군대를 지원하겠다는 결정을 내리자 석유수출국기구(OPEC)는 이에 대응하여 석유 수출을 전면 금지하였다. 석유 수출 금지 조치는 1974년 3월까지 지속되었다. 석유 공급 중단으로 인해 미국은 자동차 제조사에 보다 효율적인 차량 제작을 요구하였으며, 주거용 난방과 전기 생산에 있어 석유 사용을 줄이는 조치를 취하였다.

이어 1970년대 후반, 미국은 수십 개의 원자로를 추가로 건설할 계획을 세웠다. 하지만 위에서 언급한 에너지 효율성 증가와 경제 침체, 그리고 원자력발전소 건설비용 증가로 인해 원자로 건설 계획이 전면 취소되었다. 하지만 원자력은 미국이 전기 생산을 위해 석유에 의존하는 의존도를 줄이는 데 긍정적인 역할을 하였다. 1975년 미국의 전력원 비율은 석탄 44.5%, 천연가스 15.6%, 수력 15.6%, 석유 15.1%, 원자력 9%, 비수력 재생에너지 0.2%였다. 2004년에는 이 비율이 석탄 51.5%. 원자력 20.8%, 천연가스 16.3%, 수력 7.0%, 석유 3%, 비수력 재생에너지 1.5%로 바뀌었다. 원자력 이용 비율이 30년 동안 2배 이상 증가한 반면 석유 이용은 1/5로 감소한 것이다. 미국은 지난 30년 동안 새로운 원자력발전소 건설을 하지 못하였음에도 불구하고 원자력 이용 비율이 크게 증가하였다. 1960년대 후반과 1970년대 전반에 발주된 많은 원자로는 1980년대에 지어졌다. 가장 마지막에 건설된 원자로는 1996년 테네시 주의 왓츠바 I(Watts Bar I)이다. 미국 원자력발전소의 설비이용률도 증가하였는데, 설비이용률이란 원자로가 한 해에 최대 출력으로 가동된 백분율을 말한다. 1979년 쓰리마일 아일랜드 원전 사고 시 발전소들의 평균 설비이용률은 60% 미만이었다. 이 사고가 안전과 이용률에 대한 확실한 경고였다. 오늘날은 거의 모든 미국 원자력발전소들의 설비이용률이 90% 이상이다. 원자력 이용 증가에 공헌한 세 번째 요소는 발전소의 최대 전력생산을 뜻하는 발전용량의 증가이다. 발전소 소유주들이 발전용량을 높이기 위해 터빈과 전기 발전기 등의 성능을 대폭 개선한 것이다.

프랑스 역시 1970년대 미래의 전기 발전에 대해 주요한 결정을 내려야 했다. "석유 없고 석탄 없고 가스 없고 선택 없다."라는 구호가 프랑스 에너지 문제의 어려움을 잘 나타낸다. 프랑스 자체의 화석연료 자원과 우라늄 공급량은 매우 부족한 상황이다. 하지만 아프리카의 과거 프랑스 식민국들에서 우라늄 공급이 가능하고 석유보다 훨씬 규제가 없으면서 국제시장에서 거래되기 때문에 프랑스 정부는 거대한 원자로 건설 프로그램을 시행하기로 결정하였다. 1970년대와 1980년대를 통해 프랑스는 몇 안 되는 원자로를 수십 개로 늘렸다. 현재 프랑스에는 58개의 상용 원자로가 있으며 플래만빌(Flamanville)에 1,600메가와트의 대규모 원자로를 짓고 있다. 프랑스는 전기의 75% 이상을 원자력으로부터, 10%를 수력으로부터, 12%를 석탄과 천연가스로부터, 그리고 적은 부분을 바람과 태양광같은 비수력 재생에너지로부터 생산한다. 따라서 프랑스는 전기 생산을 석유에 의존하지는 않지만 미국과 마찬가지로 운송을 위해 많은 양의 석유연료를 소비한다.

Q

어떻게 원자력 에너지가 화석연료 의존도를 더 줄일 수 있을까?

원자력은 다음과 같은 두 가지 주요 방법으로 화석연료 사용을 줄일 수 있다. 하나는 석탄, 석유, 천연가스를 이용하는 전기발전소의 대체이고, 다른 하나는 석유로부터 나오는 휘발유와 디젤을 대체하는 운송연료의 제공이다.

첫 번째의 경우 원자력 에너지는 현재 전 세계 전기의 약 15%를 제공하고 있다. 이와 비교하여 화석연료는 석탄 41%, 천연가스 20%, 석유 약 6%로 총 약 67%를 제공한다. 이와 같이 현재 원자력 에너지는 전 세계 전기 공급에 있어서 화석연료와 비교하여 상대적으로 작은 부분을 차지하고 있는 데다가 원자력 연료도 상대적으로 풍부하기 때문에 화석연료를 대체할 가능성이 높다. 문제는 화석연료 발전소에 대한 수요만큼 빠르게, 또는 그보다 더 빠르게 원자로를 지을 수 있느냐이다.

두 번째는 원자력 에너지로 생산된 전기를 이용하여 지하철 같은 대중교통뿐 아니라, 전기로 가는 차량, 트럭, 버스와 전차에 연료를 제공하는 것이다. 하지만 지금은 전기 자동차의 비중이 작은 편이다. 자동차업계가 매년 이런 새로운 차량을 수백만 대씩 생산할 준비를 하는 데에는 시간이 필요하기 때문에 상당한 변화가 일어나려면 수년에서 수십 년이 걸릴 것이다.

원자력이 도울 수 있는 다른 연료 옵션은 연료 전지용 수소이다. 수소를 물이나 수소를 지닌 다른 물질로부터 분리해 내기 위해서는 상당한 양의 에너지가 필요하다. 초고온에서 운행되는 원자력발전소는 수소 생산에 필요한 에너지를 공급할 수 있다. 그러면 수소가 차량, 트럭, 가정이나 산업용 전기 사용같이 다른 응용분야의 발전기에 들어 있는 연료전지에 동력을 제공할 수 있게 된다.

Q

원자력 발전을 하는 국가들과 이들의 원자력 발전량은?

30개의 국가가 원자력을 이용해 전기를 생산한다. 상용 원자력을 이용하는 국가 목록은 다음 표에 나와 있다.(이 정보는 2010년 2월 기준이며 국제원자력기구와 세계원자력협회가 편찬한 자료에 기반하고 있다.) 유럽에서는 세계에서 가장 많은 16개국이 원자력발전소를 가지고 있고, 프랑스의 원자력 발전 비율은 세계 최고이다. 북아메리카에서는 캐나다, 멕시코, 미국이 원자력을 사용하고 있으며, 미국은 104개로 세계에서 가장 많은 상용 원자로를 보유하고 있다. 아시아에는 세계에서 인구가 가장 많은 두 나라인 중국과 인도가 있다. 비록 두 나라 모두 원자력을 사용하지만, 원자력 사용 비율은 낮다. 하지만 베이징과 뉴델리 정부의 야심찬 계획들로 인해 앞으로 원자력 발전의 비율이 크게 높아질 것으로 보인다.

호주, 아프리카, 남아메리카는 거의 상용 원자력을 사용하지 않는다. 대륙 국가인 호주는 엄청난 양의 우라늄을 가지고 있음에도 상용 원자로가 없다. 최근 상용 원자로를 개발하자는 정부와 대중의 논의가 있긴 하였지만, 아직까지 개발 계획을 갖고 있지 않다. 아프리카에서는 남아프리카공화국만이 원자력발전소를 가지고 있다. 알제리, 이집트, 리비아, 나이지리아 등 다른 많은 나라들도 원자력발전소에 관심을 보이고 있다. 남아메리카에서는 아르헨티나와 브라질이 원자력발전소를 보유하고 있으며 칠레와 베네수엘라가 발전소 건설에 관심을 가지고 있다.

원자력발전소가 있는 나라들

	원자력으로 생산한 전기 (십억kWh)	국내 전기 점유율	가동 중인 원자로 (2010년 7월)	전기 생산 용량 (MWe)
아르헨티나	7.6	7.0	2	935
아르메니아	2.3	45.0	1	376
벨기에	45.0	51.7	7	5,943
브라질	12.2	3.0	2	1,901
불가리아	14.2	35.9	2	1,906
캐나다	85.5	14.8	18	12,679
중국	65.7	1.9	11	8,587
체코	25.7	33.8	6	3,686
핀란드	22.6	32.9	4	2,721
프랑스	391.7	75.2	58	63,236
독일	127.7	26.1	17	20,339
헝가리	14.3	43.0	4	1,880
인도	14.8	2.2	19	4,183
일본	263.1	28.9	55	47,348
한국	141.1	34.8	20	17,716
리투아니아	10.0	76.2	0	0
멕시코	10.1	4.8	2	1,310
네덜란드	4.0	3.7	1	485
파키스탄	2.6	2.7	2	400
루마니아	10.8	20.6	2	1,310
러시아	152.8	17.8	32	23,084
슬로바키아	13.1	53.5	4	1,760
슬로베니아	5.5	37.9	1	696
남아프리카공화국	11.6	4.8	2	1,842
스페인	50.6	17.5	8	7,448
스웨덴	50.0	34.7	10	9,399
스위스	26.3	39.5	5	3,252
타이완	39.9	20.7	6	4,927
우크라이나	77.9	48.6	15	13,168
영국	62.9	17.9	19	11,035
미국	798.7	20.2	104	101,263
합계	2,560	14	439	374,815

Q

얼마나 많은 나라들이 상용 원자력발전소를 가질 수 있을까?

최근에 수십 개 나라가 최초의 원자력발전소 건설에 관심을 표명하였다. 이집트나 터키는 과거에 발전소 건설을 시도하였었고, 최근에는 사우디아라비아나 아랍 에미리트 연합(UAE)이 관심을 보이고 있다. UAE는 원자로 건설에 필요한 충분한 자금을 보유하고 있기 때문에 원자로를 건설할 가능성이 가장 높은 나라이다.

사실 2009년 12월에 아랍 에미리트 연합은 한국과 원자로 구매 관련 협상을 하였다. 새로운 관리기관을 설립하고 시설 운영 직원들과 안전검사관, 기타 직원들을 훈련하는 데 소요되는 시간 때문에 첫 원자로가 운영되려면 최대 10년이 걸릴 것이다. 하지만 한국을 선택한 이유 중 하나는 상대적으로 빠르게 원자로를 건설한 실적 때문이다. 한국의 가장 최근 원자로는 건설 기간이 4년 정도밖에 되지 않았다. 또 다른 주요 이유는 한국이 다른 판매국보다 가장 낮은 가격을 제시하였기 때문이다. 주요 경쟁 상대였던 프랑스 원자력 회사 아레바(Areva)는 가장 안전한 자신들의 디자인 대신 낮은 가격을 선택한 것은 아랍 에미리트 연합의 실수라고 불평하였다. 안전요소의 추가가 아레바의 가격 인상의 한 요인이었기 때문이다.

UAE 이외에 얼마나 더 많은 새로운 나라들이 원자력발전소를 보유하려고 할지 정확히 알 수는 없다. 흥미로운 사실 중 하나는 이 나라들의 군집현상이다. 아랍 인구가 많은 중동과 북아프리카 나라들이 원자력에 흥미를 보이고 있는데, 반핵 전문가들은 이들 나라의 원자력 발전에 대한 관심이 이란의 핵 프로그램과 밀접한 연관이 있는 것으로 파악하고 있다. 현재는 아랍 국가들이 명시적으로 핵무기를 얻고자 하지 않지만, 만일 이란이 핵무기를 가지겠다고 결정하면 미래의 핵 공격 저지를 위해 이 가능성을 열어놓을 수 있다. 이 지역에는 석유와 천연가스가 풍부하기 때문에 원자력을 얻으려고 하는 것이 이상해 보일 수도 있지만, 이 자원들이 불균형하게 분배되어 있다는 점을 인식하는 것이 중요하다. 예를 들어 요르단과 예멘은 석유와 천연가스가 거의 없는 반면, 사우디아라비아와 UAE는 이 자원들이 풍부하지만 지도자들이 더 많은 자원을 수출하기를 원하고 그렇게 하기 위해서는 원자력과 같은 대안적 에너지원이 필요하다.

원자력을 원하는 또 다른 국가들로는 동남아시아 지역의 인도네시아, 필리핀, 타이완, 베트남이 눈에 띈다. 남미에서는 칠레, 에콰도르, 베네수엘라이다. 사하라 사막 이남 아프리카에서는 가나, 나미비아, 나이지리아가 최종적으로 원자력 보유국이 될 것 같다. 하지만 이 신입국들은 모두 상당한 어려움에 직면해 있다. 이 국가들은 효과적인 관리기관을 개발하고 발전소 건설과 운영에 필요한 자격을 갖춘 많은 직원을 훈련하며, 관리자들과 발전소 직원들 사이에 안전과 보안 문화를 불어넣고, 발전소, 연료, 관리에 드는 상당한 비용을 감당할 재원을 찾고, 수십 년 간 지속적 투자를 해야 한다. 발전소의 방사성 폐기물을 실제로 잘 관리하려면 100년도 넘게 걸릴 수 있다.

원자력발전소와 다른 발전소의 건설비용은?

전기를 생산하는 발전방식은 선택 사항이기 때문에 원자력발전소 건설비용은 다른 유형의 발전소들의 건설비용과 비교할 때만 의미가 있다. 일반적으로 발전소 건설의 전체 비용은 건설(금융 수수료 포함), 운영, 유지(연료가격 포함), 해체와 폐기에 필요한 자금규모에 의해 결정된다. 또한 원자력발전소의 안전에 대한 염려 때문에 소유주들은 사고 시 보상을 위해 책임보험에 가입해야 하고, 외부의 공격으로부터 발전소를 보호하기 위해 경비, 게이트, 방호장벽 비용을 지출해야 한다. 이 비용이 모두 발전소 소유주들에게 부과되는 것은 아니다. 정부가 공항 보안에 투자함으로써 원자력발전소에 비행기가 추락하지 않도록 보호할 수 있고, 군대가 지원 방어력으로 활동할 수 있다. 또한 발전소 소유주들의 보험료를 상대적으로 낮게 유지하도록 정부가 원전 사고에 대한 보험료의 한도를 정해 놓고 있다.

원자력발전소는 몇 달 동안 거의 전 출력으로 작동하도록 설계되어 있기 때문에 기저부하 에너지원으로 간주된다. '기저부하'란 하루 24시, 주 7일 동안 기본 전기 수요를 충족하는 데 필요한 전기의 양을 의미한다. 이 기저부하를 초과하는 전기 수요는 수요 변동에 따라 상대적으로 빠르게 전력 조절이 가능한 전력원에 의해 충당된다. 예를 들어 천연가스발전소는 빠르게 전기 생산량을 조절할 수 있기 때문에 전력의 변화량에 해당하는 전력을 추가 공급할 수 있고 기저부하 전력도 제공할 수 있다. 석탄을 연료로 하는 발전소도 또 다른 주요 기저부하 전력원이다. 수력발전소나 지열발전소 역시 기저부하 전력을 제공할 수 있지만 이 발전소들은 충분한 물이 공급되는 곳 또는 이용 가능한 지열원이 충분한 곳에만 건설될 수 있다.

세 개의 기저부하 전원인 석탄, 천연가스, 원자력의 연료비용과 발전소 건설비용을 비교하면 일반적으로 원자력발전소가 건설비용이 가장 높고 연료비용은 상대적으로 낮으면서 예측가능하다. 천연가스발전소는 건설비용이 가장 낮지만 연료비용이 훨씬 높을 뿐 아니라 변동이 심하다. 석탄발전소는 두 비용에 있어서 중간을 차지한다. 지난 20년 동안 전 세계적으로, 특히 미국에서는 상대적으로 적은 수의 원자력발전소가 건설되었기 때문에 새로운 발전소 건설에 필요한 비용을 신뢰할 만하게 추정할 수 있는 최근의 경험이 부족하다. 논쟁의 관건은 발전소 건설비용에 금융 수수료를 어떻게 포함할 것인가이다. 즉 발전소의 총 표시 가격에 금융 수수료를 추가해야 하는가 아니면 발전소가 글자 그대로 하룻밤에 세워질 수 있다고 가정하는 소위 오버나잇 비용이 가장 적합한 수치인가? 전자가 좀 더 정직한 수치이지만 가격이 매우 높을 수 있기 때문에 종종 후자로 제시된다.

이렇게 다양한 비용 산출이 가능하지만 개략적 수치를 아는 것은 여전히 유용하다. 2009년에 개정된 MIT대학교의 연구 자료에 따르면, 오버나잇 비용은 킬로와트당 4,000달러(2007년 미국 달러 기준)이다. 따라서 1,000MWe 규모의 발전소를 건설하려면 40억 달러의 오버나잇 비용이 들 것이다. 여기에 건설 기간과 부과되는 이자에 따라 2억 달러 또는 그 이상의 금융비용이 추가될 수 있다. 새로 짓는 원자로는 1,000MWe 이상인 1,400, 1,600MWe 등으로 크기가 커지는 추세여서 새로운 대형 원자로의 총 건설비용은 90억 달러까지 치솟을 수 있다. 이와 비교하여 천연가스와 석탄발전소의 오버나잇 비용은 킬로와트당 각각 850달러와 2,300달러이다. 이 발전소들은 보통 원자력발전소보다 더 빨리 건설될 수 있기 때문에 전체 건설비용이 훨씬 더 낮다. 천연가스와 석탄의 높은 연료비용을 감안하더라도 원자력발전소 비용이 더 크다. 또한 최근 미국의 천연가스 이용 증가와 그에 따른 가격 하락으로 인해 천연가스가 원자력발전소에 비해 비용 면에서 훨씬 더 경쟁력이 있다.

이와 같이 원자력발전소의 선불 비용이 비싸지만 자금, 연료, 유지비용이 40년에서 60년 정도의 운행수명 기간 동안 분할 상환된다면 저렴하게 운영될 수 있다. 일단 건설비용이 지불되면 원자력발전소는 다른 두 주요 기저전력 발전소인 석탄과 천연가스발전소보다 비용 면에서 경쟁력이 있다.

Q

원자력발전소의 비용 경쟁력을 높이는 방법은?

좋든 싫든 에너지원의 생산자들은 에너지 생산에 대한 세금 공제와 석유 탐사와 정제시설 건설비용에 대한 세금 공제 같은 보조금과 재정적 인센티브를 받는다. 보조금이 항상 나쁜 것은 아니다. 탄소배출량 감소와 같이 공익에 부합하는 에너지원이 고탄소 배출원과 비교해서 비용경쟁력이 없을 경우 보조금이 필요할 수 있다.

발전소 건설 및 운영자금 조달은 발전소의 위치와도 관련되어 있다. 중국이나 UAE같이 현금을 풍부히 보유하고 있는 정부의 경우 상대적으로 쉽게 원자력발전소 비용을 지출할 수 있다. 또한 자국의 전기 발전에 광범위한 통제력을 지닌 중국, 프랑스, 러시아는 발전소 구입에 관련된 결정을 상대적으로 쉽게 내릴 수 있다. 대조적으로 좀 덜 중앙집권적인 나라의 전기회사가 최소 수십억 달러 정도의 자금을 가지고 있지 않다면 발전소 투자자들에게 제공할 담보물이 충분하지 않을 것이다. 이런 경우 투자자들의 재정적 위험을 줄이기 위하여 정부로부터 대출보증을 요구할 수 있다. 하지만 대출을 체납할 가능성이 높다면 납세자들의 위험이 증가할 것이다. 미국 정부는 2010년 초 조지아주의 보그틀(Vogtle) 발전소에 허가 단계를 충족시킨다는 조건으로 80억 달러의 대출 보증을 제공하였다. 다른 발전소 역시 수백억 달러의 대출 보증이 가능하다. 대중들은 이런 보증에 긍정적인 반면, 많은 경제학자와 분석가들은 시장을 왜곡하고 많은 납세자들의 돈을 위험에 빠뜨린다고 주장하며 대출 보증에 반대한다.

발전소 경영진은 다른 회사와의 합병을 모색하여 충분한 자본을 가진 대기업을 창출할 수도 있다. 원자력 지분을 가장 많이 가진 미국 사업단 엑셀론(Exelon)은 NRG 에너지회사와 합병을 시도하였지만 거절당하였다. 하지만 엑셀론은 합병으로 어떻게 추가적인 원자력발전소를 얻을 수 있는지를 잘 보여 주었다. 2000년에 엑셀론은 필라델피아 기반 페코(PECO) 에너지회사와 시카고 기반 유니콤(Unicom)의 합병으로 만들어졌다. 합병 결과로 엑셀론은 2009년 10월까지 17개의 원자로에 대해 전적인 소유권 또는 주요 소유권을 가지게 되었다.

또 다른 방법으로 회사가 외국 정부로부터 지원을 받을 수도 있다. 예를 들어 메릴랜드 콘스텔레이션 에너지(Constellation Energy)는 클레버트 클리프스(Calvert Cliffs) 발전소를 건설할 때 프랑스 전기(EDF)로부터 자금을 받았는데, 이 발전소는 수도 워싱턴에서 가장 가까운 상용 원자력발전소이다. 콘스텔레이션 에너지와 EDF는 조인트벤처 협력단인 유니스타(Unistar)를 구성하였다. 하지만 콘스텔레이션 에너지는 미국 정부의 대출 보증 수령을 거절한 후 2010년에 유니스타 내의 자사 지분을 EDF에 매각하였다. EDF는 발전소 건설을 계속 추진하는 데 관심을 표명하고 있는데, 미국 발전소의 해외 소유를 금하는 미국 원자력에너지법의 요구를 충족시키기 위하여 다른 미국 기반 파트너 회사를 물색해야 할 수도 있다. 따라서 미국 원자력발전소에 대한 외국 정부의 지원은 심각한 난관에 직면할 수 있다.

정부로부터의 자금조달, 연방 대출보증, 합병 등에 추가하여 다음과 같은 두 가지 방법은 화석연료 비용을 더 높이고 원자력발전소 비용을 낮추는 데 도움이 된다. 즉 화석연료 사용을 막기 위해 탄소 배출에 대해 세금이나 요금을 부과하거나 탄소배출권 거래제를 도입하는 것이 있다. 탄소세가 명확한 시장신호를 보낸다는 점에서 경제학자들은 탄소세를 선호하는 경향이 있는 반면, 정치가들은 직접적인 세금 대신 전체 탄소 배출량의 한도를 정하거나 제한할 수 있고 배출자들로 하여금 배출권을 거래하도록 할 수 있기 때문에 탄소배출권 거래제를 선호하는 경향이 있다. 탄소배출권 거래제를 비판하는 사람들의 요점은 시행에 많은 허점이 있을 수 있다는 것이다.

긍정적인 면으로는, 1990년 미국의 '클린에어' 법령의 실시로 인해 탄소배출권 거래제가 산성비 유발 가스의 배출량을 줄이는 데 일조한 것을 들 수 있다. 하지만 이 시스템은 전 세계의 온실가스 배출 문제에 대한 대처라기보다는 미국 동부권 같이 한정적인 지역 수준으로 행해졌다. 세금이라는 말이 사람들의 심기를 불편하게 하지만 정부가 소득세를 통해 거의 모든 탄소세를 되돌려줌으로써 탄소세의 부담을 덜어줄 수 있다. 또한 정부가 탄소세를 증가시킨 양과 동일한 양만큼 소득세를 줄이든가 또는 탄소세를 모두 거두어들인 들인 다음 세금을 낸 사람에게 거두어들인 세금과 거의 같은 양의 돈을 환불해 줌으로써 탄소세의 부담을 덜어줄 수도 있다. 정부가 에너지 효율성과 저탄소 에너지 시스템 연구개발에 기금을 지원하기 위하여 걷은 돈 중 일부의 돈을 따로 떼어놓을 수도 있다. 저탄소원 건설이 비용 면에서 경쟁력이 있도록 정부들이 저탄소원의 생산자들에게 세금을 공제해 주었는데, 2005년 미국 에너지정책법은 새로운 원자력 발전이 가동되는 첫 8년간 6,000메가와트까지는 킬로와트시당 1.8센트를 제공한다. 이런 공제는 1,000메가와트당 매년 1억 2,500만 달러에 해당하며 8년간 6,000메가와트에 총 공제액이 60억 달러에 이른다. 비슷한 세금공제가 풍력과 태양에너지에도 제공되고 있다.

원전 건설을 비용 면에서 좀 더 경쟁력 있게 만드는 다른 기본적 방법은 건설비용 자체를 줄이는 것이다. 한 가지 방법은 한두 개의 원자로 디자인에 집중하여 이 디자인을 복제하는 것이다. 최초 설계는 일반적으로 예상하지 못한 문제점들이 많아서 비용을 빠르게 증가시킨다. 예를 들어 핀란드의 올킬루오토에 아레바가 건설한 최초의 혁신(유럽) 가압 원자로는 최초 경비인 30억 유로보다 20억 유로 이상의 추가 비용이 들었으며 건설이 최소 3년 이상 지연되었다.

하지만 앞으로 특정 디자인으로 원자로를 건설하게 되면 경험이 축적되면서 비용이 더 내려갈 것이다. 마찬가지로 기술자들도 더 신속하게 마르는 콘크리트를 사용하고 동시 공정으로 건설 속도를 올리는 방법을 개발할 수 있다. 한국이 이런 방법을 시행한 대표적인 예이다. 또 다른 방법은 대형 원자로에 전적으로 의지하지 않는 것이다. 대형 원자로는 수십억 달러가 들 수 있다. 작은 모듈 식의 원자로를 만들면 건설 자금이 덜 들기 때문에 자금 운영이 더 용이해질 것이다. 비용 면에서 단점은 킬로와트를 기준으로 할 때 더 큰 발전소가 더 경제적이라는 것이다. 하지만 전체 가격을 감당할 수 있는지 여부를 고려하면 더 작은 원자로가 매력적일 수 있다. 게다가 증가하는 전기 수요를 맞추려면 작은 모듈형 원자로가 발전 용량을 늘리는 데 좀 더 융통성이 있을 것이다.

Q

새로운 원자력발전소에 대한 수요 예측이 어려운 이유는?

어떤 산업에서든 가장 어려운 과제 중 하나는 '채찍효과'를 방지하는 것이다. 이것은 갈라진 긴 채찍을 따라 파동이 더 높아지는 것과 비슷하게 재고와 주문 간의 불균형이 공급망을 따라 증폭될 때 일어난다. 전 세계적으로 원자력발전소에 대한 관심이 새로워지면서 발전용량을 높이라는 요구가 더 증가할 것으로 예측되고 있다. 중요한 질문은 이 요구량이 앞으로 일정하게 지속될 것인가, 증가할 것인가 아니면 감소할 것인가이다. 상당한 액수의 돈이 이런 수요 예측에 달려 있다.

예를 들어 일본 업체인 스틸 웍스(Steel Works)는 유일하게 매우 무거운 대형 원자로 압력 용기를 단조(금속재료를 해머 등으로 두들기거나 가압하는 기계적 방법으로 일정한 모양으로 만드는 작업) 성형한다. 이 회사는 단조 용량을 늘이고 있지만 독일이 원자력발전소 해체를 결정하였던 1998년 이후 3년 동안 경제적 손실이 발생하였음을 잘 알고 있다. 현재 스틸 웍스에는 주문이 줄을 잇고 있다. 한편 수요 증가로 인해 경쟁도 심해졌는데, 영국의 쉐필드 포지마스터스(Sheffield Forgemasters)가 매우 무거운 대형 단조를 위한 설비를 재정비한 것이다. 이 때문에 이들 회사는 압력 용기와 수증기 생성기 같은 중요 부품을 확보하기 위하여 그 부품이 이용되기 수년 전에 미리 공공설비 회사에 주문을 한다. 새로운 발전소에 대한 계획이 무산되는 경우에는 다른 매수자에게 자신들의 자리를 팔 수 있을 것으로 기대한다. 이런 관행을 통해 매수자들이 비용을 만회할 수는 있겠지만 이런 경우 실제 원자력발전소 수요에 대한 잘못된 신호를 보낼 수 있다는 문제가 있다.

업계 관계자들은 공급망에 문제점이 있을 수 있음을 알고 이 채찍을 길들이는 데 도움이 될 조치들을 취해 왔다. 그럼에도 불구하고 MIT의 슬론(Sloan) 경영대학원의 연구가 보여 주는 바와 같이, 이성적인 사람들도 여전히 언제 부품을 주문할지, 무엇을 재고로 놓아둘지, 수요의 극적 변화를 어떻게 예측할지를 판단하는 데 있어서 실수를 하는 경향이 있다고 한다. 검증된 해결책 중 하나는 공급업체들과 지속적으로 교류하면서 광범위한 정보를 갖는 것이다. 원자력산업이 점점 세계화되면서 대기업 내부의 특허정보를 전달하는 데 있어 장벽이 낮아졌으므로 수요와 공급을 맞추는 것이 더 쉬워질 수도 있다. 지난 10년간 미국의 웨스팅하우스(Westinghouse)가 일본의 도시바(Toshiba)와 합병하여 도시바-웨스팅하우스(Toshiba-Westinghouse)가 되었으며, 일본 히타치가 미국에 본사를 둔 제너럴 일렉트릭(GE, General Electric)의 원자력 부분을 사서 GE-히타치가 되었다.

수직으로 통합된 사업모델에서는 한 회사가 원자력 연료 주기의 모든 부분에 접근할 수 있다. 프랑스 원자력산업 분야 거인인 아레바(Areva)는 우라늄 채굴, 우라늄 농축, 연료 조제, 원자로 건설, 방사성 폐기물 관리, 플루토늄 재활용 역할을 담당한다. 원칙적으로 이런 모델은 공급에 대한 수요 변화에 더 잘 대응하여 변화할 수 있다. 아레바와 비슷하게 러시아의 로사톤(Rosaton) 국영 원자력회사도 수직적인 정부 소유를 보여 준다. 아레바 역시 시장 장악력을 높이기 위해 미쓰비시 같은 다른 원자력 회사의 지분을 구매하였다. 세계적 수요가 계속 증가한다면 전통적 원자력 유력 집단인 아레바, 미쓰비시(Mitsubishi), 로자톤, GE-히타치, 그리고 도시바-웨스팅하우스의 경쟁이 심해질 뿐 아니라 중국, 인도 및 한국의 한국전력공사(Kepco)와의 경쟁도 더 심해질 것이다.

Q

원자력발전소를 건설하고 운영하기 위하여 얼마나 많은 기술자들이 필요한가?

원자력이 지나치게 빠르게 확산됨에 따라 제기되는 우려 중 하나는 발전소 건설과 운영에 필요한 고급 기술 전문인력이 부족하다는 것이다. 2005년에 미국 에너지부(DOE)는 각 프로젝트가 5년 계획으로 건설된다는 가정 하에 2010년에 시작하여 2017년 완공되는 8개의 원자로 건설에 필요한 인력을 계산하였다. 이 보고서에서는 가장 본격적인 원자로 건설 기간 동안 최고 8,000명의 인력이 필요하다고 추정하였다. 이 기간 동안 약 4개의 원자로가 건설되므로, 각 원자로 당 대략 2,000명의 인원이 필요함을 뜻한다. 그리고 대부분의 노동력이 핵공학도와 방사능 안전 물리학자 등의 원자력 전문가일 것이라는 추측과 달리, 이들이 전체 인력에서 차지하는 부분은 작다. 대부분은 숙련을 필요로 하는 용접공, 시멘트 제작자, 전기공 등이다. 에너지부 보고서는 발전소를 시작하려면 약 1,000명의 운영관리 직원, 200명의 품질관리 조사관, 400명의 건설 조사관, 500명의 건설 엔지니어, 100명의 원자력관리위원회 조사관, 기타 300명의 인력이 필요하다고 명시하였다. 미국에서는 원자로 건설이 수십 년 동안 침체되었기 때문에 실제적으로 모든 자리의 인력이 부족하다. 이런 인력 부족은 비파괴 테스트 전문가, 원자로 운영 직원, 원자력 엔지니어, 방사선 안전(보건) 물리학자 분야에서 특히 심각하다. 그런데 잠재적 원자력 중흥에 대응할 인력을 단기간에 양성하는 것은 가능하지 않다. 특히 고급 기술 전문직은 수년간의 훈련이 필요하다. 또한 수십 년 전 발전소 건설 붐이 일어났던 때 이 분야에 들어 왔던 나이든 인력의 퇴직도 증가하고 있다. 원자력 산업은 또한 다른 에너지산업과도 경쟁에 직면해 있다. 이런 도전에 부응하기 위하여 미국 정부 및 여러 나라의 정부들과 원자력 회사들도 신입사원 고용과 훈련에 더 많은 투자를 하고 있다.

Q

원자력발전소 건설이 전기수요 증가와 보조를 맞출 수 있는가?

현재 원자력은 전 세계 전기의 약 15%를 생산한다. 그런데 세계 전기 수요는 2010년에서 2030년 사이에 거의 2배로 증가할 것이 예상되므로 (이 예측은 평상시와 다를 바 없는 에너지 효율의 향상을 전제로 한다. 에너지 사용 효율이 높아진다면 새로운 발전소에 대한 수요가 줄어들 것이다.) 이에 보조를 맞추려면 앞으로 20년 내에 원자력 사용이 2배로 증가해야 할 것이다. 이 추정 증가율은 매 16일마다 새로운 1,000MWe 원자로가 전기 공급망에 추가되어야 함을 의미한다. 이것은 원대한 계획이지만 불가능한 것은 아니다. 하지만 그렇게 하려면 앞에서 언급한 바와 같은 발전소 인력과 부품들을 충분히 제공할 수 있어야 한다.

Q

우라늄은 고갈될 것인가? 그렇다면 언제 고갈될 것인가?

지구의 땅과 바다 속에는 많은 우라늄이 있다. 문제는 우라늄을 얻기 위해서 드는 비용이 얼마인가 하는 것이다. 채굴은 채굴에 드는 비용보다 더 많은 돈을 벌 수 있을 때만 수익성이 있다. 비용은 광석의 위치, 광석 안의 우라늄 농도, 추출 방법, 우라늄 수요에 따라 달라진다. 이상적인 광석은 고농축 우라늄을 포함하고 있으며 우라늄 추출에 화학과정이 필요하지 않고 지표면과 가까운 곳에 있는 광석이다. 농도는 추출된 양 중 우라늄 함량이 1% 이상이 바람직하다. 일반적인 농도는 이보다 훨씬 낮다. 광석의 양을 쉽게 가늠하기 위하여, 1,000MWe 원자로가 매년 약 25메트릭 톤의 농축 우라늄을 필요로 한다고 해 보자.

이 재료를 얻으려면 25메트릭 톤의 연료 재료로 농축되는 200메트릭 톤의 우라늄 산화물 정광이 필요하고 이를 추출하기 위해 약 5만 메트릭 톤의 광석을 채굴 분쇄해야 한다.

아직 전 세계적으로 이용 가능한 우라늄 매장량에 대한 철저한 조사가 행해진 적은 없지만, 원자력기구는 통상 우라늄 가격에 따른 채굴 가능 매장량 추정치를 정기적으로 발표하고 있다. 우라늄 킬로그램 당 130달러라는 가격과 현재 매년 약 6만 8,000메트릭 톤의 우라늄 수요가 있으므로, 470만 메트릭 톤 이상의 매장량이 있다고 추정된다. 결과적으로 현재의 수요를 가정할 때 앞으로 70년간 이 가격에 충분한 우라늄이 매장되어 있다. 이 기간이 짧아 보일 수 있지만, 원자력에 대한 수요가 상당히 증가한다면 우라늄 채굴과 탐사를 증가시키려는 동기 역시 커질 것이며, 이에 따라 공급도 늘어날 것이다. 이것은 육지의 자원에 국한된 것이고, 전문가들은 바다가 수백 년 간 원자력을 공급할 수 있을 정도의 충분한 우라늄을 가지고 있다고 추정한다. 하지만 해양 채굴은 현재 육지 채굴보다 비용이 훨씬 많이 든다. 획기적인 기술발전이 이루어지면 이 비용을 줄일 수 있는데, 특히 우라늄 수요가 증가할 경우 기술발전이 가속화되어 채굴 비용이 줄어들 것이다.

에너지 안보의 측면을 고려할 때는 우라늄의 매장 위치가 매우 중요하다. 세계의 우라늄 대부분이 압제적 지도자에 의해 통제된다면 문제가 될 수 있지만 다행히 많은 나라에 퍼져 매장되어 있다. 영국, 다른 주요 민주주의적 원자력 생산국들, 그리고 다른 연합국들이 상당량의 우라늄 매장량을 가지고 있다. 특히 호주와 캐나다가 최고의 우라늄 공급국이다. 원자력발전소 건설에 새롭게 관심을 표명한 나라들 중 요르단이 최근 많은 양의 우라늄을 발견한 국가로 주목받고 있다. 중국은 주요 우라늄 생산국이지만 대규모 원자력 확대 계획을 세우고 있어 우라늄 수급을 안정적으로 확대하기 위해 우라늄 최대 생산국 중 하나인 카자흐스칸 같은 다른 공급국과 계약을 맺고 있다.

Q

왜 어떤 나라들은 사용후 핵연료의 재처리를 원할까?

1장에서 언급한 바와 같이 재처리 과정은 화학적 기술을 이용하여 사용후 핵연료로부터 플루토늄과 기타 핵분열 물질을 추출한다. 프랑스, 인도, 일본, 러시아, 영국은 재처리 시설을 갖추고 있지만, 원자력발전소를 소유한 대부분의 나라들은 상용 재처리 시설을 갖추고 있지 않다. 이 국가들은 자국이 심각한 우라늄 부족에 직면해 있다고 믿었던 시기에 이런 시설을 건설하겠다는 결정을 내렸다. 천연 우라늄의 1% 이하만 핵분열이 가능하므로 플루토늄을 연료로 사용할 수 있도록 하는 재처리 기술이 있으면 우라늄 공급을 확장할 수 있었기 때문이다. 1970년대 중반까지는 세계 우라늄 공급이 매우 부족할 것으로 예상되었고, 이렇게 공급 부족을 감지한 나라들은 재처리과정을 추구하였다. 그러나 오늘날 인도, 프랑스, 일본은 자국 우라늄 보유량은 적지만 세 나라 모두 미국-인도 핵 협상의 승인으로 국제 우라늄 시장 진입을 보장받았다. 게다가 우라늄은 저장이 용이하여 쉽게 비축할 수 있다. 따라서 공급 보장의 측면에서 볼 때 현재 재처리를 하는 나라들 모두 재처리를 지속해야 할 이유가 없어 보인다.

예를 들어 영국은 수익성 부족으로 재처리 사업을 그만 둘 가능성이 높다. 어떤 국가들은 플루토늄이 값비싼 자원이거나 앞으로 그럴 것이라는 이유로 또는 재처리가 궁극적으로 최적의 핵폐기물 처리 방법이라는 견해를 가지고 재처리 시설을 계속 운영할 것처럼 보인다. 우선 플루토늄 기반 연료 제조 가격은 우라늄 기반 연료비용보다 비싸다. 하버드대학교 벨퍼(Belfer) 연구소의 2003년 조사에 따르면, 재처리 발전소로부터 얻는 플루토늄 연료가 농축 발전소로부터 얻는 우라늄 연료보다 경제적으로 경쟁력이 있으려면 우라늄 비용이 킬로그램당 360달러(파운드당 164달러)로 치솟아야 하는데 이것은 보통 가격의 거의 3배이다. 핵연료 비용은 원자력발전소 전체 비용 중 작은 부분을 차지하기 때문에(예를 들면 프랑스 시민은 재처리 비용으로 인해 전기료를 6% 정도 더 지불한다.) 비용 면에서 재처리는 일회성인 우라늄 연료 주기를 이기지 못한다. 하지만 재처리 공장 건설에 투입된 엄청난 매몰비용으로 인한 경제적 관성으로 재처리 공장이 계속 유지되고 있다. 예를 들어 프랑스와 일본은 재처리 공장 하나당 수십억 달러를 사용하고 있다.

재처리 지지자들은 이런 가격 비교보다 더 중요한 것이 있다고 주장한다. 그들은 재처리가 오랜 기간 보관이 요구되는 고준위 방사성 폐기물 양을 줄인다고 주장하는데 이는 사실이다. 하지만 재처리 역시 저준위 방사성 폐기물을 많이 생산한다. 뿐만 아니라 고준위 폐기물 양의 축소로부터 이익을 충분히 얻으려면 플루토늄 기반 연료에서 나오는 사용후 핵연료를 계속 재처리해야 한다. 하지만 재처리하는 나라들은 보통 사용후 핵연료를 재처리하지 않고 보관하기 때문에 사실 고준위 폐기물 양을 눈에 띄게 축소시키는 효과가 없다.

사용후 핵연료는 경제 · 기술적으로 많은 고속 중성자 원자로를 짓고 운영할 수 있을 때까지 보관된다. 이 원자로들은 플루토늄, 퀴륨, 아메리슘 같은 분열물질을 소각할 수 있다. 따라서 원칙적으로 고속 원자로들이 수명이 긴, 무거운 핵분열 물질들을 많이 없앰으로써 원자력 폐기물 처리 문제를 완화시키는 데 도움을 줄 수 있다. 이 반감기가 긴 물질들은 수만 년 동안 보존이 필요하고 어떤 핵분열 생성물은 수용성이기 때문에 저장소 요건에 영향을 미친다. 그럼에도 불구하고 제대로 위치한 저장소라면 이런 요건을 충족시킬 수 있어야 한다.

프랑스와 일본은 고속 원자로 배치가 어렵다는 것을 보여 준다. 2010년 기준으로 프랑스는 피닉스(Phénix) 원형 원자로를 폐쇄한 후 고속 원자로를 하나도 가지고 있지 않으며, 앞으로 수년 동안 또 다른 원자로를 획득할 계획이 없다. 유사하게 일본도 고속 원자로 기술로 고심 중이다. 1995년에 일본 몬주(Monju) 고속 원자로 이차 부품에서 나트륨 화재가 발생하였고 이후 상업적 운영에 대한 허가를 받지 못하였다. 핵분열성 물질을 완전히 소모하려면 열원자로 두 개당 하나의 고속 원자로 정도로 많은 수의 고속 원자로가 필요하다. 현재 전 세계에 440개 열원자로가 있으므로 200개 이상의 고속 원자로가 필요할 것이다.

한편, 열원자로 연료 내의 플루토늄 소모 속도는 사용후 핵연료로부터 플루토늄을 분리하는 속도보다 훨씬 뒤처져 있다. 최근 들어 5~10톤의 남아도는 플루토늄이 매년 축적되고 있다. 지금까지 약 50메트릭톤의 플루토늄이 사용후 핵연료로부터 분리되었는데, 이것은 수천 개의 무기를 만들기에 충분한 핵분열성 물질이다.

Q

미국은 왜 사용후 핵연료 재처리를 포기하였는가? 앞으로 재개 가능성은?

1976년 미국의 대통령 포드(General Rudolph Ford)는 미국의 핵 재처리 프로그램을 중단하라는 전문가들의 의견을 받아들였다. 포드 대통령은 그해 대통령 선거에서 카터(James Earl Carter)에게 졌다. 1977년 카터는 이 정책을 계승하였고 다른 나라들이 재처리를 하지 않도록 권고하기로 결정하였다. 이 정책에 대한 논쟁점은 두 가지이다. 첫째, 재처리는 일회 전용 우라늄 연료 주기보다 더 비싸다는 것이다. 2010년 3월 아레바의 한 임원은 미국에서 영리적 규모의 재처리 시설을 건설한다면 약 250억 달러가 소요될 것이라고 추정하였다. 둘째, 재처리는 핵무기 제조에 이용 가능한 기술이기 때문에 더 많은 나라로 확대될 경우 미래에 핵 확산을 낳을 수 있다는 것이다. 유일한 상용 재처리 기술인 퓨렉스(PUREX)가 특히 핵확산에 이용되기 쉽다. 이 기술은 고 방사능 분열 생성물을 막는 격납고로부터 플루토늄을 완전히 분리시킨다. 핵분열 생성물과 비교하여 플루토늄은 방사능이 약해서 상당량을 먹거나 흡입하지 않는 한 사람이 플루토늄을 취급할 수 있다. 따라서 원칙적으로 플루토늄을 지키는 보안이 허술할 경우 테러리스트나 도둑들이 자신은 해를 입지 않고도 플루토늄을 훔칠 수 있다. 또한 미국에서의 재처리는 다른 나라들에게 이런 잠재적인 핵확산 행위가 괜찮다는 신호를 주게 될 것이다.

다른 나라로 하여금 재처리를 하지 않도록 확신시키는 데 주도적 역할을 하기 위하여 미국은 30년 이상 재처리를 삼가해 왔고 아직 재처리 시설을 가지지 않은 국가들로 하여금 재처리 시설을 가지지 못하도록 적극적인 정치적 압력을 행사하였다. 하지만 2001년 부시 정부는 재처리가 '핵확산 방지' 방식으로 행해지는 한 재처리할 여지가 있음을 시사하였다. 특히 체니 부통령은 2001년 초 이런 접근을 지지하는 정부 에너지정책 연구를 이끌었다. 비핵 전문가들은 핵확산 저지 방식의 재처리라고 하더라도 여전히 너무 위험하다고 우려를 표명하였다. 이것은 '이란 테스트'를 통과하지 못할 수 있다. 즉 미국이 핵무기 제조에 관심이 있을 수 있는 나라에 핵확산 방지 방식의 재처리 설비를 기꺼이 주지는 않을 것이다. 그런 나라는 핵확산 방지 재처리 설비로부터 유용된 물질을 이용할 수 있는 퓨렉스 같은 재처리 설비를 비밀리에 만들 것이다. 또는 재처리 시설을 플루토늄 무기를 생산할 수 있도록 변경할 수도 있다.

그럼에도 불구하고 2006년 부시 행정부는 세계원자력에너지파트너쉽(GNEP, Global Nuclear Energy Partnership)을 창안하였는데, 이것은 핵확산을 방지하는 방식으로 원자력이 이용되도록 하기 위한 것이었다. GNEP의 역할 중 하나는 플루토늄을 핵확산 방지 방식으로 사용하는 방법을 연구개발하는 것이다. 하지만 계속되는 확산에 대한 우려로 인하여 GNEP는 이런 연구개발을 현재 핵무기 보유국과 이미 재처리를 하고 있는 일본에 국한시키는 것을 목표로 하였다. 완전한 원자력 연료 주기에 대한 자신들의 권리를 거부하는 것으로 여긴 많은 개발도상국들은 이 계획에 반대하였다. GNEP 정책 설계자들은 어떤 나라의 권리도 배제되지 않는다는 것을 강조하기 위해 그 제안을 수정해야 하였다. 하지만 GNEP 지지자들은 아직 재처리를 행하지 않는 나라들로 재처리 시설이 확산되는 것을 원하지 않았다.

미국에서 재처리 문제는 여전히 활발한 정치적 논쟁거리로 남아 있다. 예를 들어 2008년 대통령 선거 캠페인에서 공화당 후보인 매케인은 민주당 후보인 오바마가 재처리를 지지하지 않는다고 비난하였다. 매케인은 재처리가 미국의 핵폐기물 문제를 완화하고 새로운 연료 공급의 기회를 준다고 주장하였다. 하지만 원자력 이용 확대를 지지하는 오바마는 재처리 설비를 서둘러 배치할 필요가 없다고 보았다. 그 대신 오바마 정부는 핵확산 방지 방식의 재처리에 대한 연구를 지지하였으며 앞으로 수십 년간 재처리 설비를 건설할 필요가 없다고 하였다.

3장

기후 변화

Q

온실효과란?

온실은 외부 온도가 낮을 때에도 식물들을 따뜻하게 유지시켜 준다. 태양에서 온 빛이 온실 유리를 통과해 들어오면 그 에너지를 붙잡아 온실을 따뜻하게 한다. 온실 내부의 물질이 가시광선을 흡수하고 흡수한 가시광선 에너지의 일부를 가시광선보다 파장이 긴 적외선으로 재방출한다. 이 파장이 긴 적외선이 온실 유리 내의 분자들과 만나면 이 분자들이 적외선을 흡수하여 일부는 온실 외부로 방출하고 나머지는 온실 내부로 돌려보낸다. 이와 같이 빛에너지가 온실에 축적되면서 온실 내부가 따뜻해진다.

지구 대기는 온실과 같다. 태양에서 온 가시광선은 지구 대기로 흡수된 에너지 중 일부를 적외선으로 재방출한다. 대기에 있는 특정 분자들은 적외선을 쉽게 흡수하고 재방출하면서 이 열의 일부를 대기 안에 가둔다. 온실가스로서 역할을 잘하는 지구 대기 속의 분자는 이산화탄소, 수증기, 메테인이다. 이 가스들은 자연적으로 생긴다. 예를 들면 동물은 물질대사 과정에서 이산화탄소를 내뿜고 식물은 대사 과정에서 이산화탄소를 흡수한다. 이렇게 지구의 환경시스템으로부터 나오는 이산화탄소로 인한 온실효과는 지구 생명체에 도움이 된다. 자연적인 온실효과가 없다면, 지구 표면의 평균 온도는 생명체가 살기에는 너무 추운 약 -19℃일 것이다. 현재 대기에 있는 이산화탄소의 농도는 약 0.04%에 불과하다. 지구의 평균 지표면 온도는 약 14.6℃이다. 대기에 버려지는 온실가스가 증가하면 지구온난화 효과도 증가할 것이다. 기본적으로 세 개 또는 그 이상의 원자를 가진 모든 분자는 온실가스로서의 역할을 한다. 이 정도 크기의 분자는 적외선을 흡수하고 적외선이 우주로 나가는 것을 막는다.

인간의 활동으로 인하여 이산화탄소뿐 아니라 아산화질소(웃음가스), 프레온 가스(냉매로서 사용되고 있는) 등 온실가스의 농도가 증가하고 있는데, 이런 활동에는 화석연료를 태우는 것, 개간 후 이산화탄소를 흡수하는 숲과 식물을 다시 심지 않는 것, 소 등 메테인을 배출하는 가축을 더 많이 기르는 것 등이 포함된다. 이 중 전기 생산, 운송, 주거용 및 산업용 난방에 사용되는 화석연료 소모가 온실가스 증가에 가장 큰 영향을 미친다. 여분의 온실가스가 제거되지 않고 이렇게 이산화탄소 배출이 계속된다면, 누적되는 열이 지구 전체에 해를 미칠 것이다. 태양계의 행성 중 금성은 지나친 온실효과로 인하여 지옥과 같은 조건을 가지고 있다. 금성의 대기는 약 97%가 이산화탄소로 구성되어 있어 금성 표면 온도는 평균 467℃에 이른다. 게다가 금성의 표면 압력은 지구 표면 압력보다 90배나 더 크다. 금성의 대기 환경은 납을 녹이고 금성을 탐사하려는 우주선을 완전히 망가뜨릴 수 있다.

Q

지구온난화와 기후 변화는 어떻게 다른가?

1896년에 스웨덴 과학자 아레니우스(Svante Arrhenius)는 이산화탄소와 수증기가 지구 온도를 변화시킬 수 있다고 발표하였다. 그는 이산화탄소와 온실가스가 증가하면서 지구의 평균 온도가 상승할 것이라고 예측하였다. 여러 연구자들의 데이터도 이 이론을 뒷받침하였다. 그러나 지구는 복잡한 시스템이다. 자연과 인간에 의한 피드백 메커니즘은 기후가 어떻게 변화할지 예측을 어렵게 한다. 기상학자가 날씨 변화를 예보하는 것처럼, 기후학자들은 대기, 육지, 바다를 포함한 복합적 지구 시스템을 첨단 컴퓨터로 모델링하는 기법을 통하여 기후 변화를 예상할 수 있다.

과학자들 스스로도 이 복잡한 시스템을 이해하려고 고군분투하는 상황에서, 정치인과 일반인이 이 문제에 대하여 혼란스러워하는 것은 당연할 수도 있다. 무슨 일이 일어나고 있는지 설명하는 데 사용되는 용어도 혼란스럽다. 1980년대와 1990년대에 이 문제와 관련된 공개적인 토론이 있었을 때 이 문제는 '지구온난화'로 불려졌다. 이 용어는 쉽게 시각화할 수 있고 말 그대로 느낄 수 있는 이점이 있었다. 수십 년 동안 사람들은 여름이 점점 더 더워지는 것으로 느껴왔다. 그 시기 몇 년 동안 세계 곳곳에서는 기록적인 폭염이 나타났다.

그러나 '지구온난화'라는 용어는 온도 상승이 가져오는 좀 더 심오한 결과를 구체화하는 데 실패하였다. 이런 이유로 기후학자들은 '기후 변화'라는 용어를 더 선호한다. 그러나 지구는 하나의 기후를 가지고 있는 것이 아니고 지역에 따라서 기후가 크게 다르다. 그리고 지역 내에서도 지리적 조건에 따라 각기 다른 미기후(특정 좁은 지역의 기후)를 갖는다. 이런 조건 때문에 많은 사람들이 기후 변화에 있어서 '승자와 패자'가 있을지 궁금해 한다. 어떤 지역 사람들은 농사철이 길어진다든지 해서 이득을 볼 수 있다. 그러나 사람들은 이동 패턴과 식품이나 다른 상품의 시장무역을 통하여 상호 연결되어 있다. 이 때문에 한 지역에서 일어나는 변화가 세계적으로 광범위한 영향을 미치게 될 것이다.

Q

기후 변화의 영향은 어떤 것들이 있는가?

20세기 동안 지구의 평균 표면 온도는 약 0.6℃ 증가하였다. 이것은 작아 보일 수도 있지만 눈에 보이는 영향을 미쳤으며, 평균 온도는 온실가스 농도가 증가함에 따라서 계속 상승할 것이다. 뚜렷한 변화 중 하나는 해수면 상승이다. 게다가 그린란드와 남극 대륙의 빙하가 녹으면서 해수면을 더욱 상승시키고 있다. 또 다른 변화는 알라스카, 캐나다, 시베리아와 같은 북부 지역의 영구 동토층의 해빙이다. 이것이 걱정스러운 것은 해빙으로 인해 영구 동토층에 갇혀 있던 온실가스 메테인이 풀려날 수 있기 때문이다. 이로 인하여 지구온난화가 더 빠르게 진행될 것이다. 바다는 주요 온실가스인 이산화탄소를 대기로부터 흡수하는데, 대기의 이산화탄소가 증가하면 바다에 흡수된 이산화탄소의 양도 증가하여 포화한계점까지 도달하게 될 것이다.

이것은 바다에 흡수된 이산화탄소가 바닷물을 산성으로 만들기 때문에 염려스러운 일이다. 산성 바다는 산호초를 탈색시켜 결국 살아있는 산호를 죽일 것이다. 다양한 생명체의 번식지인 바다가 인간이 초래한 기후 변화로 인하여 위협을 받게 되는 것이다. 북극해의 빙하가 줄어드는 것은 이미 관측되고 있다. 이로 인하여 북극곰이 멸종 직전에 몰리고 있다. 앞으로 수십 년 내에, 북극곰은 동물원에서만 존재할지도 모른다.

기후 변화가 지역적으로 세계적으로 미치는 영향은 더 악화될 것으로 예측된다. 기후변화국제위원회(International Panel on Climate Change)에 의하면, 이번 세기 동안 지구의 평균 온도는 1.4℃에서 5.8℃까지 상승할 수 있다고 한다. 이번 세기가 끝날 때쯤에는 평균 표면 온도가 지금보다 10~40% 더 높아질 것으로 예측된다. 이것은 과학적 예측이므로 온도 범위가 상대적으로 넓다. 오차가 크지만, 변화 양상을 보면 지역에 따라 훨씬 더 극적인 영향을 미칠 수 있다. 예를 들면 많은 섬 국가들이 통째로 물에 잠길 수 있다. 또한 해수면 상승으로 해안 도시들에 홍수가 발생할 것이다. 이 도시들 중 몇몇 도시는 인구가 천만 이상인 세계적인 대도시들이다. 침수와 홍수로 이들 지역에 사는 사람들이 대피를 하게 됨에 따라 대규모의 피난민 문제가 발생하고 되고, 이런 이민은 다른 지역의 자원에 압박을 가하게 될 것이다.

또 습한 지역은 강수량과 강설량 증가로 더 습해지고 건조한 지역은 극심한 가뭄으로 더 건조해질 전망이다. 습한 지역에서는 더 많은 홍수가 발생하고, 건조한 지역에서는 극심한 폭염과 산불이 발생할 것이다. 가장 큰 걱정거리는 지구의 기후시스템이 기후 변화의 영향이 증폭되면서 기하급수적으로 증가하는 전환점에 접근해 가고 있다는 것이다. 따라서 자연과 인간이 만든 메커니즘을 교정하는 것은 결국 지구시스템을 좀 더 바람직한 범위로 되돌려 놓는 것이다. 하지만 교정에 필요한 시간은 온실가스가 대기에 얼마나 오래 머무르는가에 달려 있다. 불행히도 이산화탄소 분자는 평균적으로 한 세기 이상을 대기에 머문다. 따라서 사람들이 화석연료 사용을 중지하고 과잉 상태인 이산화탄소를 제거하지 않는다면 대기에 축적된 이산화탄소는 관성효과로 인해 기후 변화를 가속화시킬 것이다.

Q

지구온난화 방지를 위해 우리가 할 수 있는 일은?

기본적으로 우리는 세 가지 방법을 취할 수 있다. 첫째 대기로 들어가는 온실가스의 양을 줄이고, 둘째 특히 이산화탄소 같은 온실가스의 흡수를 늘리고, 셋째 대기로 들어오는 태양광의 양을 줄이는 것이다. 첫 번째 방법에 대해서는 여러 가지 조치를 취할 수 있다. 가장 역점적으로 해야 할 일은 교통, 전기 생산, 난방에 사용되는 화석연료의 사용량을 줄이는 것이다. 어떤 화석연료가 사용되는지도 중요하다. 특히,

탄소 농도가 큰 연료일수록 연료가 탈 때 더 많은 양의 이산화탄소를 배출한다. 주요 화석연료를 탄소 함량이 큰 순서로 배열하면, 석탄, 석유, 천연가스 순이다. 따라서 석탄 대신 천연가스를 사용하면 이산화탄소 배출을 줄일 수 있다. 화석연료 대신 온실가스를 거의 배출하지 않는 태양, 바람, 수력, 원자력을 이용하면 더 큰 긍정적인 효과가 생긴다.(원자력의 역할에 대해서는 나중에 자세히 논의하기로 하자.) 화석연료 발전소로부터 방출되는 이산화탄소를 포집하는 것이 언젠가는 보편화될 것이다. 하지만 지금까지 이산화탄소 포집은 북극해에서 스타토일(Statoil)이 운영 중인 슬레이프너(Sleipner) 오일 산지와 노스다코타(North Dakota) 주의 베라(Beulah)에 있는 석탄을 이용하는 합성천연가스발전소 등 몇 군데에서만 시행되고 있다.

1인당 화석연료 배출을 감소시키는 것도 좋은 방법이다. 즉 개개인이 화석연료를 더 적게 쓰는 것이다. 하지만 산업화 시대의 패턴을 보면 모든 국가들이 더 발전하기 위해 놀라운 양의 화석연료를 사용하였다. 따라서 개발도상국이 집중적 화석연료 소모 단계를 뛰어넘도록 도와줄 방법을 알아내야 하는 과제가 있다. 관련된 난제는 세계 인구를 지속가능한 수준에 도달하게 하는 것이다. 세계 인구는 현 세기 중반까지 최소 90억 명에 접근할 것이다. 현재 인구는 68억 명으로 채우는 속도보다 훨씬 더 빠르게 천연자원을 소모하고 있어서 이미 지속가능한 경로 상에 있지 않다. 90억 명 인구의 온실가스 배출 전망치가 얼마가 될지 생각해 보라.

두 번째 방법과 관련해서는 대기 중의 이산화탄소와 다른 온실가스를 포집할 수 있다. 예를 들면, 나무를 심어 나무들 안에 이산화탄소를 가둘 수 있다. 다른 식물의 성장을 촉진하는 것도 도움이 될 것이다. 해조류, 스위치 그래스(미국 서부에 서식하는 건초용 풀의 일종), 그리고 다른 비식용 식물을 이용한 연료생산을 상업화하고 이 바이오매스 연료로 화석연료를 대체하면 결국 대기에서의 이산화탄소가 줄어들 것이다.

태양광을 줄이는 마지막 방법은 지구공학으로 해결할 수 있다. 황산염과 같이 반사하는 물질을 대기 상층부에 가져다 놓거나 구름이 반사를 더 많이 해서 해를 더 많이 차단하도록 낮게 깔린 구름에 작은 바다 물방울을 뿌려서 구름을 더 밝게 만드는 방법이 있다. 이러한 지구공학적인 방식은 지구 냉각 효과는 있을 수 있으나 대기 중의 온실가스를 감소시키는 방법은 아니다. 다만 이 지구공학적인 방법은 사람들에게 화석연료를 더 많이 사용하라고 권장할 수 있다. 그리고 반사 방식이 사용되지 않으면 즉시 지구가 다시 온난화될 것이다. 게다가 지구공학적 방법은 바닷물의 산성화 문제에는 아무런 도움이 되지 않는다. 그럼에도 불구하고, 문제 해결이 더 절실해지면 지구공학적인 방식이 이용될 수도 있다. 따라서 이점과 위험을 따져 보기 위한 진지한 연구와 개발이 필요하다.

Q

왜 원자력발전소는 온실가스를 배출하지 않을까?

원자력발전소는 부산물로 온실가스를 배출하지 않는다. 핵분열 부산물은 방사성 핵분열 생성물로 핵연료 집합체 내에 갇혀 있으며, 사고로 유출될 경우에도 온실효과에는 어떠한 영향도 미치지 않는다. 대조적으로 석탄, 석유, 천연가스 등 탄소화합물을 연료로 사용하는 발전소는 연료 연소 시에 연료가 산소와 결합하면서 이산화탄소를 배출한다.

Q

왜 핵연료 주기는 소량의 온실가스를 배출할까?

원자력발전소는 온실가스를 배출하지 않지만 핵연료 주기의 일부에서는 온실가스를 배출한다. 땅속에 있는 우라늄을 채굴하기 위하여 채굴 장비를 사용하고 트럭으로 우라늄 원광을 운반할 때 화석연료를 소모하는 것이다. 채굴된 광물로부터 우라늄 광 농축물을 분리한 후 이 농축물을 화학 변환 공장으로 운반하는 데 트럭을 이용한다. 우라늄 농축이 필요한 경우 우라늄 농축 공장으로 보내지는데, 화학 변환 공장과 농축 공장은 화석연료로 발전한 전기의 상당량을 사용한다. 예를 들면 켄터키 주 파투카(Paducah)에서 지금도 가동 중인 가스 확산 농축 공장은 최신 가스 원심 농축 공장에 비하여 에너지 효율이 현저히 낮아서 화석연료로 발전한 전기를 대량으로 소모한다. 파투카 발전소의 소유주인 미국 농축회사(Enrichment Corporation)는 세상에서 가장 에너지 효율이 좋을 것으로 예상되는 원심분리공장(American Centrifuge Plant)을 개발 중이며 이를 상업화하기 위하여 노력하고 있다. 따라서 보다 효과적인 농축 방법을 사용하면, 핵연료 주기 동안 배출되는 비교적 소량인 온실가스의 양을 대폭 감소시킬 수 있을 것이다. 또한 우라늄을 채굴하고 운반하는 데 화석연료로 동력을 얻지 않는 장비와 대체에너지 차량을 사용함으로써 온실가스를 더 줄일 수 있을 것이다.

Q

원자력발전소는 석탄과 천연가스발전소에서 배출되는 온실가스 감소에 도움이 되었는가?

2009년 말 전 세계의 상용 원자로 발전 용량은 370기가와트(3,700 억 와트)였다. 전 세계 원자력발전소들이 실제로 발전한 양은 2.6조 킬로와트시였다. 이 양은 세계 전기 수요량의 약 15%이다. 만약 15%의 전기를 이미 세계 전기 사용량의 41%를 공급하고 있던 석탄발전소가 추가로 공급하였다면 약 40억 미터 톤의 이산화탄소가 더 배출되었을 것이다. 가스발전소가 원자력발전소 대신 전기를 생산하였더라도 추가적인 이산화탄소의 배출은 석탄발전소의 약 절반인 약 20억 미터 톤에 이른다.

온실가스 배출량을 대폭 감축하려면 얼마나 많은 원자력발전소를 추가 건설해야 하는가?

'웨지(wedge)' 모델은 온실가스 배출을 대폭 감축하려면 얼마나 많은 원자력발전소를 더 건설해야 하는지 파악하는 데 도움을 준다. 이 모델은 2004년에 프린스턴대학교의 파칼라(Stephen Pacala)와 스코로우(Robert Socolow)가 「사이언스(Science)」에 발표한 것이다. 이들은 서로 다른 15개의 에너지 기술과 실행이 온실가스 감축을 위해서 어떤 역할을 할 수 있는지를 수학적으로 계산하였다. 단순한 감축이 아니라 21세기 중반까지 2004년 수준으로 연간 배출량을 줄인다는 목표를 세웠다. (2004년에 인간의 활동으로 인한 탄소 배출량은 약 70억 톤이었다.) 파칼라와 스코로우는 아무런 조치를 취하지 않을 경우를 가정하고 미래의 배출량을 계산하였는데, 시작년도에서 50년 후인 2054년에는 140억 톤으로 최소 2배 이상 연간 배출량이 증가할 것으로 예측하였다. 어떤 기술도 단독으로는 이 많은 탄소 배출량을 이 기간 내에 제거할 수 없다.

좀 더 쉬운 접근을 위해 파칼라와 스코로우는 분할 정복(divide-and-conquer) 기법을 이용하였다. 그들은 50년에 해당하는 배출을 '웨지'라고 이름을 붙인 7조각으로 나누었다. 여기에서 각각의 웨지는 연간 탄소 배출량에 있어서 10억 톤 증가를 나타낸다. 각 웨지를 완벽하게 효율적으로 다루려면 상당한 투자가 필요하다. 그러나 상당한 투자가 이루어진다고 해도 어떤 웨지도 쉽게 달성할 수 없다. 예를 들면 차량

효율 향상으로 웨지를 채우려면 20억 대에 해당하는 차의 연비가 리터당 12.7킬로미터에서 22.5킬로미터로 증가해야 한다. 이를 달성하기 위해서는 해마다 4,400만 대의 고연비 차량이 저연비 차량을 대체해야 한다. 2009년에 전 세계에서 생산된 차량은 5,200만 대였다. 문제는 명확하지만 풀기는 어렵다. 사실상 제작된 모든 차의 연비가 매우 높은 연비 기준에 도달해야만 한다.

또 다른 웨지는 800기가와트(8,000억 와트) 석탄발전소와 1,600기가와트(1조 6,000억 와트) 가스발전소에서 배출되는 이산화탄소를 포집하는 것과 관련된 웨지이다.(기가와트는 10억 와트와 같다. 이것은 미국에서 100만 가정에 공급 가능한 전력이다.) 이 웨지는 약 1,000개의 대형 석탄발전소 또는 약 2,000개의 천연가스발전소와 동등한 양이다. 하지만 이런 발전소들에서 대규모로 탄소를 포집하는 일은 수십 년이 지나야 가능할 것이다.

웨지 하나를 채울 만큼의 화석연료 분량을 바이오매스(biomass) 연료로 대체하려면 전 세계 농경지의 약 6분의 1을 추가 조성하거나 현재의 브라질 에탄올 생산량을 100배 더 증가시켜야 한다. 웨지 하나를 채우는 데 있어서 원자력의 역할에 대해 파칼라와 스코로우가 계산한 결과에 의하면 지금의 용량의 약 두 배인 700기가와트의 원자력이 추가로 필요하다. 700기가와트는 1,000메가와트급 대형 원자로 700개에 해당한다. 한편 많은 차세대 원자로의 발전용량이 최대 1,600메가와트에 달한다. 700개의 원자력발전소는 추정치에 해당한다. 이 추가로 건설해야 하는 원자로에 더하여, 현재 설립된 370개의 원자로 거의 대부분을 금세기 중반까지 교체해야 한다. 결론적으로 이 웨지를 채우기 위해서는 1,000메가와트급 원자로 1,000개를 건설해야 한다. 이것은 2010년부터 2054년 사이에 매달 전력망에 연결된 대형 원자력발전소를 2개씩 건설해야 하는 속도이다. 물론 발전 용량이 더 큰 원자로라면 그 수는 줄어들 것이다. 가장 큰 발전 용량을 가진 원자로는 유럽 가압 원자로인데 1,600메가와트급이다. 이런 큰 용량의 원자로들만 건설할 경우, 3주에 1개씩 원자로를 건설하여 온실가스 방출을 예상 전망치의 7분의 1만큼 감축할 수 있다.

Q

원자력발전소가 온실가스 배출량을 획기적으로 감축할 수 있을 만큼 신속하게 건설된 적이 있는가?

2007년의 키스톤(Keystone) 연구소 보고에 의하면, 1980년대의 원자력의 성장이 역사상 가장 빨랐다. 이 10년 동안 평균적으로 해마다 약 20기가와트가 추가되었는데, 이것은 1,000메가와트 원자로를 2주 반 만에 1개씩 건설하는 속도로서, 원자력이 이산화탄소 방출을 상당히 감소시키기 위해 필요한 건설 속도에 근접한 것이다.

그러나 원자력발전소가 온실가스 배출량을 획기적으로 감축하려면 몇 십 년간 이런 추이를 지속해야 한다. 발전소 건설 속도는 1990년대에는 현저하게 감소하여 단지 44개의 대형 원자로에 해당하는 원자력발전소가 건설되었다.

Q

지구온난화가 원자력발전소의 최대 발전 용량을 실제로 감소시킬까?

웨지를 채울 수 있는 원자로가 모두 건설될 수 있다고 하더라도 지구온난화로 인하여 완전가동되지 못할 수도 있다. 원자력발전소는 바다, 호수, 하천, 또는 인위적으로 만든 냉각용 연못으로부터 대량의 냉각수원을 필요로 한다. 원자로의 과열을 막기 위해 폐열을 냉각수원으로 버려야 하므로, 열을 받아들일 수 있는 충분한 양의 차가운 물 없이는 원자로를 가동할 수 없다. 그러나 지구온난화로 인하여 수원의 평균온도가 상승하면, 냉각수원도 부족해진다. 뜨거운 수원은 그 안에 살고 있는 수중 동물에게도 해를 미칠 수 있다. 이런 동물들을 보호하기 위하여 환경 규제가 이루어지고 있는데, 이에 따라 수원이 뜨거우면 뜨거울수록 원자로로부터 받아들일 수 있는 폐열도 줄어들 수밖에 없다. 이에 원자력발전소 사업자는 원자력의 출력을 줄이게 되고 따라서 전기 생산이 감소할 것이다. 원자력발전소뿐 아니라 석탄이나 다른 화석연료를 사용하는 대형 발전소 역시 폐열 처리를 위한 수원을 필요로 한다.

원자력이 국가 간 기후변화협약에서 청정 에너지원이 될 수 있을까?

지난 20년 동안 원자력 에너지가 청정 에너지원이라고 믿는 사람들과 너무 많은 위험 요소를 가진 에너지라고 믿는 사람들 사이에 격한 논쟁이 있었다. 다시 짚어보자면, 원자력 에너지는 온실가스 그리고 산성비의 원인인 이산화황과 호흡기에 나쁜 아산화질소 등 다른 대기오염 물질들을 배출하지 않는다는 점에서는 '청정'하다. 핵에너지와 관련되어 본질적으로 내재된 위험은 안전, 핵확산, 폐기물 처리와 관련된 것이다. 이 논쟁들에 대한 주요 토론은 기후 변화를 주제로 한 많은 국제학술대회에서 이루어졌다. 1990년대 말과 2000년대 초의 주요 토론장은 교토의정서였다. 기후 변화에 관한 국제연합(UN) 기본협약인 이 의정서는 이산화탄소, 메테인, 아산화질소, 육불화황 등 4종류의 온실가스 감축을 요구하였다. 의정서는 선진국으로 분류되는 이른바 어넥스(Annex) I 국가들에게 법적으로 구속력 있는 감축을 요구하였다.

이 선진국들은 자국의 온실가스 배출량을 1990년 수준에서 5.2% 감축하기로 합의하였지만, 감축 요구량은 국가에 따라서 달라 유럽연합 국가들은 8%, 미국은 7%, 일본은 6%, 그리고 러시아는 0%였다. 러시아는 1991년 소련이 붕괴하면서 막 생겨났고 감축 원년인 1990년에 경제가 상대적으로 어려웠기 때문에 1990년대 수준 아래로 추가 감축할 것을 요구받지 않았다. 클린턴 행정부는 1990년대 후반 협상할 당시에는 의정서를 지지하였으나, 그 후의 부시 행정부는 의정서 재가에 필요한 의회의 동의안을 거부하기로 결정하였다. 그 이유는 미국에 배정된 온실가스 배출 감축량이 너무 많아 경제에 심각한 악영향을 미친다는 것이었다. 주요 온실가스 배출 국가인 개발도상국 중국과 인도를 대상 국가에서 제외시킨 것에 대해서도 역시 반대하였다. 미국은 의정서에 반대하였지만, 대부분인 183개국이 이 의정서를 승인하였다.

교토의정서는 선진국이 개발도상국의 무탄소 또는 저탄소 배출 에너지 프로젝트에 투자할 수 있도록 청정개발체제(CDM, Clean Development Mechanism)를 설립하였다. 청정개발체제에 원자력을 포함시키는 것에 대한 논쟁도 격렬하였다. 포스트 교토 협약을 위한 협상에서도 이 이슈에 대한 합의가 이루어지지 않았다. 이후 2009년 12월의 덴마크 코펜하겐 협상에서 세 가지 선택 방안, 즉 (1)현 상태와 같이 원자력 제외, (2)어넥스 I 국가들의 경우 원자력에 의한 이산화탄소 감축은 감축으로 인정하지 않고 어넥스 I 국가가 아닌 경우는 인정, (3)2008년 1월 1일 이후에 건설된 핵발전소에 의한 온실가스 감축은 인정하는 방안이 제시되었다. 그러나 2010년 12월 멕시코 칸쿤(Cancún)에서 열린 국제기후변화회담에서는 아무런 결론에 도달하지 못하였다.

Q

원자력발전소에 대한 환경보호론자들의 입장에는 어떤 것들이 있는가?

원자력에 대한 많은 환경감시단체들의 오래된 회의론 또는 심지어 적개심에도 불구하고, 최근 일부 유명 환경보호론자들은 원자력발전소 이용 확대에 열렬한 지지를 보내고 있다. 이들 중 무어(Patrick Moore)는 여전히 반핵 환경단체인 그린피스(Greenpeace)의 설립자였기 때문에 특히 상당한 관심을 끌고 있다. 무어는 그린피스를 만들었던 1970년대에 어떻게 자신이 핵에너지를 '핵 재앙'과 동일시하였는지 그리고 30년이 더 지난 지금 어떻게 생각이 달라졌는지에 대해 적고 있다. 무어는 2006년 4월 6일판 「워싱턴 포스트(Washington Post)」에서 "원자력 에너지는 또 다른 재앙인 치명적인 기후 변화로부터 우리의 지구를 구할 에너지원"이라고 주장하였다. 많은 그린피스 종사자들은 그를 배신자로 간주하였다. 그들은 1991년 이후에 무어가 기업의 컨설턴트로 일하였다고 지적하고, 특히 핵산업 로비회사인 원자력에너지연구소(NEI, Nuclear Energy Institute)의 관계사인 청정에너지기구(Clean and Safe Energy Coalition)에서 일하였다며 비난하였다. 이 회사는 원자력에너지연구소에 800만 달러 지분을 가진 힐 앤 놀튼(Hill and Knowlton) 홍보부로부터 자금을 지원받았다. 2008년 10월에 그린피스는 무어가 "그린피스에 반대하는 입장을 취하는 기업 대변인으로서 그린피스와는 이미 오래 전 없어진 인연을 이용해 개인적인 이익을 취하였다." 라고 말하였다.

원자력 이용 확대 캠페인의 일환으로, 무어는 부시 행정부의 환경보호국 국장을 역임한 휘트먼(Christine Todd Whiteman)과 협력하였다. 사람들은 무어가 원자력을 옹호한다는 이유로 그가 기후 변화를 인간 활동에 의한 것으로 믿을 것이라 생각하지만, 무어는 "지구온난화가 인간에 의해 일어난 것이 아니라고 생각하지만 그럼에도 세계는 원자력에 의지해야 한다."라는 입장이다.

다른 유명한 핵 옹호 환경론자들은 인간에 의한 기후 변화에 대하여 훨씬 더 많은 우려를 나타내고 있다. 롤링 스톤(Rolling Stone)이 '기후 변화의 예측자'라고 부르는 영국 과학자 러브록(James Lovelock)은 기후 변화는 되돌릴 수 없으며 금세기 말까지 60억을 상회하는 생명을 앗아갈 수 있다고 우려하였다. 그는 지구를 자체 조절 시스템으로 본 '가이아 가설(Gaia Hypothesis)'을 고안한 것으로 매우 유명하다. 러브록은 2004년 5월 24일 「인디펜던트(Independent)」지의 논평 기사에서 "미래의 에너지 자원을 찾기 위해 허비할 시간이 없다."라고 경고한 바 있다.

무어와 러브록은 여러 뉴스 매체의 주목을 받았으나, 이들보다 원자력을 정치권 안으로 끌어들이는 방법을 아는 핵 옹호 환경론자들의 영향이 더 두드러진다. 정치권에 밝은 세계자원연구소(the World Resources Institute) 회장 라쉬(Jonathan Lash)는 원자력을 기후 변화에 대처하는 다면적인 전략의 일환으로서 '필요악'으로 보았다. 환경보호론자만으로는 기후 변화의 파도에 대처할 수 없다고 생각하고, '미국 기후행동연합(USCAP, United States Climate Action Partnership)'의 설립을 도와 다수의 환경보호 단체와 대규모 산업체의 갈라진 틈을 연결하는 가교 역할을 하였다. 이 단체는 환경보호론자의 이상주의와 이윤을 추구하는 산업계를 결합시켰다. 제너럴 일렉트릭(General Electric), 알코아(Alcoa), 듀크 에너지(Duke Energy), 비피 아메리카(BP America), 듀퐁(DuPont), 엑셀론(Exelon), 엔알지 에너지(NRG Energy) 등 10여 개 이상의 대기업이 기후행동연합에 참여하고 있다. 세계자원연구소 이외에도 미국 기후행동연합의 환경보호론자 그룹은 자연자원방위위원회(the Natural Resources Defense Council), 국제자연보호협회(the Nature Conservancy), 국가야생생물연맹(the National Wildlife Federation), 퓨센터 글로벌기후 분과(the Pew Center on Global Climate Change) 등이 있다. 1.7조 달러를 상회하는 수익과 200만 명에 달하는 직원을 보유한 이 단체들의 금융 장악력과 시장 지배력은 엄청나다.

4장

핵확산

핵확산이란?

핵확산이란 핵무기가 없는 나라가 핵무기를 획득하는 것과 이미 핵무기를 보유한 나라가 핵 군수물자를 확충하는 행위를 말한다. 첫 번째는 핵무기가 없는 나라로의 확산이므로 '수평 확산'이라고 한다. 두 번째는 탑에 벽돌을 쌓는 방식으로 탄두가 증가하기 때문에 '수직 확산'이라고 한다. 수평 확산의 예로 북한의 소형 핵무기 개발이 있다. 이런 행위는 일본이나 한국과 같은 다른 아시아 국가들로 하여금 핵무기를 획득하고 결국에는 개발해야겠다는 생각을 갖게 할 수 있다. 수직 확산의 예는 냉전 중 미국과 소련의 대규모 군수물자 증강이다. 미국과 러시아가 다행히도 핵 군수물자를 축소하고 있지만 인도와 파키스탄이 핵무기를 확충하고 있다. 남아시아가 파키스탄의 쿠데타, 빈번한 테러, 핵무기 획득을 원하는 테러단의 존재 등으로 정치적으로 불안정한 지역이기 때문에 남아시아 나라들의 무기 경쟁이 우려된다.

어떤 나라들이 어떤 방법으로 핵무기를 개발하였는가?

핵무기의 확산과 증가는 정치적 연쇄 반응 속에서 서로 연결되어 있다. 즉 확산이 또 다른 확산을 촉발시켰다.

최초의 핵무기 프로그램은 제2차 세계대전이라는 불안정하고 위험한 상황에서 시작되었다. 미국은 나치가 핵무기로 무장할 가능성이 있다고 보고 비밀리에 맨해튼 프로젝트로 핵무기 개발을 서둘렀다. 이 프로젝트는 1945년 8월 6일 히로시마 상공에서 터진 총 유형의 원자폭탄과 같은 해 8월 9일 나가사키 상공에서 터진 내파 유형의 원자폭탄 등 2종류의 핵무기를 생산하였다. 두 폭탄은 두 도시의 중심부를 파괴하였고 총 20~30만 명의 사람들을 살상하였다. 이 원폭이 제2차 세계대전의 종지부를 찍었다. 그 후 바로 소련과 미국 간의 냉전이 시작되었다.

소련의 스탈린은 미국의 독점적 핵무기 소유에 대항하려는 목적으로 핵무기 획득 긴급계획을 마련하였다. 소련의 핵폭탄 프로그램은 맨해튼 프로그램에 참여하였던 푹스(Klaus Fuchs)와 홀(Ted Hall) 같은 스파이로부터 많은 도움을 받았다. 소련은 스파이 활동을 통하여 나가사키 원폭의 세부 사항을 알게 되었고, 최초의 핵 실험을 확실하게 성공시키기 위하여 동일한 유형의 폭탄을 만들기로 결정하였다. 실패는 굴라그(Gulag) 감옥으로의 추방이나 더 나쁠 경우 총살을 의미할 수도 있었다. 비밀경찰 총수인 베리아(Lavrenti Beria)가 소련 핵무기 프로그램을 무자비하게 지휘하였다. 베리아와 스탈린의 철의 정책으로 1949년 8월에 소련의 핵실험은 성공을 거두었다.

소련의 신속한 핵 개발은 미국 대통령 트루먼에게 충격을 주었다. 이 실험으로 인해 트루먼은 미국의 군사비를 늘려야겠다고 확신하게 되었다. 그리고 소련이 훨씬 더 강력한 원폭을 개발할 것이라는 두려움 때문에 수소폭탄의 연구개발에 박차를 가하였다.

미국과 소련이 치명적일 수 있는 군비 경쟁에 갇혀 있는 동안 영국과 프랑스도 핵무기를 보유하려고 노력하였다. 영국이 1953년 10월 원폭 실험으로 세 번째 핵무기 보유국이 되었고 프랑스가 1960년 2월 같은 길을 가게 되었다. 제2차 세계대전의 주요 승전국으로서 양국 모두 강대국의 위치를 확보하는 수단으로 이 궁극의 무기를 획득해야 할 필요성을 느낀 것이다. 영국과 미국은 잠수함용 트라이던트(Trident) 미사일 같은 핵무기 시스템을 공유하는 등 밀접한 방위 관계를 가지고 있었고 지금도 여전히 유지하고 있다. 프랑스는 미국으로부터 독립할 필요를 인식하고 있었기 때문에 독자적인 핵무기를 개발하려고 하였다. 1949년 공산국가 중국이 탄생하면서 마오쩌둥 주석이 권력을 잡게 되었고 그 결과 세계에서 가장 인구가 많은 나라가 미국의 이념적 적이 되었다. 미국은 타이완으로 탈출한 민족주의 중국인들을 지지하였다. 마오쩌둥은 공식적으로는 미국의 핵무기를 '종이호랑이'라고 조롱하였지만, 중국도 핵 협박을 받지 않기 위해서는 핵무기를 개발해야 한다고 믿었다. 1950년대 중국의 과학자들은 소련 과학자들로부터 도움을 받았다. 이런 지원은 1962년 중-소가 갈라설 때까지 지속되었고, 그 사이 중국 과학자들은 이 프로그램을 성공적으로 지속할 수 있었다. 1964년 10월 중국은 강력한 폭발실험과 함께 다섯 번째 핵무기 보유국이 되었다.

중국의 핵실험은 인도로 하여금 핵무기가 필요하다는 확신을 갖게 하였다. 1962년 중국-인도 국경 전쟁으로 인도가 일부 영토를 잃게 되면서 양국 관계는 악화되고 있었다. 인도는 1950년대부터 핵무기 프로그램을 탐사해 왔는데, 중국이 핵 보유를 하게 되자 핵 개발에 박차를 가하였다. '평화적 핵폭발'로 이름 붙인 1974년의 인도의 핵실험은 또 다른 결과를 가져왔다. 파키스탄 지도자들도 원자폭탄을 보유하려고 결심하는 계기를 만들어 준 것이다.(재미있는 점은 인도 실험의 암호명이 '부처의 미소'였다는 것이다.) 파키스탄은 1998년 5월 일련을 실험을 통해 핵무기 능력이 있음을 증명하였다. 이것은 이전 달 행해진 인도 실험에 대한 대응이었다.

이와 같이 때로 직접적인 핵 위협만이 핵무기 프로그램을 촉발하는 것은 아니다. 한 나라가 위협을 감지할 경우에도 핵무기 프로그램이 촉진될 수 있다. 적대적인 아랍국들로 둘러싸인 이스라엘은 생존에 대한 두려움을 느끼고 1960년대부터 핵무기 개발을 위한 분열성 물질을 생산하기 시작하였다. 우선 이스라엘 지도자들은 이스라엘이 중동에서 핵무기를 도입하는 최초의 나라가 되지 않으려는 정책을 채택하였다. 이 정책은 이스라엘이 중동의 다른 나라들이 핵무기를 갖지 않는 한 공개적으로 핵무기를 배치하지 않을 것이며 그런 무기의 소유를 인정조차 하지 않을 것이라는 의미로 해석되었다. 중동의 어떤 다른 나라도 핵무기를 개발하지 않았지만 이란은 잠재적인 핵무기 개발 능력을 가지고 있었다.

북한 리더들 역시 자신들의 정권의 안위를 두려워한다. 1950년에 일어났던 한국전쟁은 아직 공식적으로는 끝나지 않았으며 휴전협정만

체결된 상태이다. 국제사회의 따돌림으로 종종 '은둔의 왕국'으로 불리는 북한은 '위대한 수령' 김일성이 만들고 그의 아들 '친애하는 지도자'인 김정일이 넘겨받은 독재자 우상화의 국가이다. 김일성은 냉전 중 소련의 원조로 핵무기 프로그램을 시작하였다. 북한은 무기제조 수준의 플루토늄을 생산하기 위하여 중형 원자로를 이용하였다. 이 원자로는 매년 약 한 개의 핵폭탄을 만들 수 있는 양의 플루토늄을 생산할 수 있다. 북한은 2006년 10월 최초로 핵폭탄을 폭발시켰다. 북한 외부의 핵 기술 전문가들은 이 폭탄이 성능은 좋지 않을 것이라고 생각하였지만, 이 은둔의 왕국은 2009년 5월 보다 더 강력한 핵무기 능력이 있음을 보여 주었다. 2003년 이래로 미국은 중국, 일본, 러시아, 남한과의 6자 회담을 통해 안전보장, 미국의 외교적 승인, 경제 원조를 조건으로 핵무기 프로그램을 포기하도록 공조해 왔으나 뚜렷한 성과를 만들어 내지는 못했다.(김정일은 2011년 12월 17일에 사망하였고 그의 자리는 셋째 아들인 김정은에게 세습되었다.)

결국 핵무기 보유국으로 알려진 8개국은 중국, 프랑스, 인도, 북한, 파키스탄, 러시아. 영국, 미국이다. 핵무기 보유를 발표하지 않은 9번째 보유국은 이스라엘이다. 기타 수십 개 나라가 국제협약을 위반하고 자국의 핵 기반시설을 이용하려고 한다면 수년 내에 핵무기를 보유할 가능성이 있다.

핵무장한 국가들은 얼마나 많은 핵무기를 보유하고 있는가?

핵으로 무장한 국가들은 일반적으로 자신들이 소유한 핵무기 수를 공표하지 않는다. 러시아와 미국의 전략무기감축협정(START, Strategic Arms Reduction Treaty)은 대표적인 예외로, 두 나라가 소유한 핵무기 수를 공표하자는 것이었다. 하지만 이 협정에서는 핵무기 수 계산이 상대적으로 쉬워 확인이 용이한 핵무기 발사시스템에 초점이 맞춰져 있다. 전략 핵무기 발사시스템에는 지상이나 저장고에 설치된 고정 발사 장치 또는 이동식 발사 장치를 가진 대륙간 탄도미사일(ICBMs), 잠수함 발사 탄도미사일(SLBMs), 크루즈 미사일이나 폭탄을 운반할 수 있는 장거리 폭격기 등 세 종류가 있다. 한편 개개의 탄두는 숨기기가 더 쉽다. 아직까지 핵탄두에 대한 엄격한 검증을 요구하는 협약은 없다.

START와 다른 러시아-미국 무기 군축 협약에는 전략 무기시스템과 비전략 무기시스템에 대한 정의가 있다. 이 두 핵무장 경쟁국가들은 광대한 거리를 사이에 두고 있기 때문에 전략시스템을 앞에서 언급한 장거리 무기로 제한하고 있다. 따라서 미국-러시아 입장에서 볼 때 비전략 시스템은 단거리 무기에 해당한다. 러시아는 냉전이 종식된 이래로 공격에 대응하여 비전략 핵무기를 사용하는 것으로 핵전략을 수정하였다. 재래 무기로 무장한 러시아 군은 나토의 통상 전력보다 훨씬 약하다. 비전략 핵무기는 전투배치될 가능성이 있기 때문에 자주 전술

상의 무기라고 불려진다. 많은 전문가들은 핵무기가 한 나라의 정치적 의사결정, 나아가 가장 중요한 국가 전략에 영향을 미치기 때문에 모든 핵무기는 전략 무기라고 주장한다. 인도와 파키스탄이 국경을 맞대고 있는 남아시아에서는 단거리든 장거리든 모든 핵무기는 전략무기에 해당한다.

대중과 정책 입안자들이 핵무기 보유 상황을 아는 것이 중요하기 때문에 몇몇 독립적인 비정부단체들은 핵무기 보유 상황을 추정해 오고 있다. 이 단체들에는 군축운동연합(Arms Control Association), 방위정보센터(Center for Defense Information), 미국과학자연합(Federation of American Scientists), 국제전략연구소(International Institute for Strategic Studies), 천연자원보호협의회(Natural Resources Defense Council), 스톡홀름 평화연구기관(Stockholm Peace Research Institute) 등이 있다. 2010년 5월 초에 클린턴 국무장관은 2009년 9월 말 기준으로 미국이 5,113개의 탄두를 배치 또는 전략 비축하고 있으며 수천 개의 탄두를 폐기할 예정이라고 발표하

핵무장 국가들(2009년 말 기준)

국가	핵무기 수
중국	100~200
프랑스	350
인도	~ 100
이스라엘	75~100
북한	~ 10
파키스탄	70~90
러시아	4,600
영국	225
미국	5,113

였다. 그해 5월 말에는 영국 정부가 약 160개의 배치된 탄두를 포함하여 225개의 탄두를 가지고 있다고 발표하였다. 핵무기 숫자에 대한 두 나라의 공식적 발표와 가장 정확한 추정치를 기록한 표를 보면 미국과 러시아가 세계 핵무기의 90% 이상을 보유하고 있다.

이 표에는 러시아와 미국에서 더 이상 쓰이지 않거나 폐기를 기다리는 수천 개의 탄두는 포함되어 있지 않다. 『원자과학자 회보(Bulletin of the Atomic Scientists)』에 「핵 노트북(Nuclear Notebook)」을 쓴 크리스튼슨(Hans Kristensen)과 노리스(Robert S. Norris)에 따르면 지구상에 총 약 22,400개의 핵탄두가 존재한다고 한다.

Q

무기급 고농축 핵분열성 물질의 이용 가능량은 얼마이며 어디에 존재하는가?

수천 개의 핵무기도 걱정스럽지만, 무기로 이용 가능한 핵분열성 물질의 비축량이 증가하면서 핵확산과 테러 위협이 증가하고 있다. 매우 염려되는 분열성 물질은 고농축 우라늄(HEU)과 플루토늄이다. 핵분열성물질국제패널(International Panel on Fissile Materials)에 따르면 2009년 말 현재 전 세계적으로 1,500톤 이상의 고농축 우라늄이 있고, 약 500톤의 정제된 플루토늄이 있다. 이 정도의 핵분열 물질 양이면 수만 개의 핵폭탄의 연료가 될 수 있다. 나아가 군사 전문가들은 자료의 불확실성,

특히 러시아의 핵물질 보유량에 대한 정보가 불확실하다고 지적하고 있다.

고농축 우라늄과 플루토늄은 군수용과 민간용으로 사용된다. 무기 사용 외에도 군사용인 무기급 우라늄과 플루토늄은 핵폭발물에 폭발력을 제공하고, 잠수함과 항공모함 등 많은 군함에 연료로 사용된다. 민간 분야에서는 몇몇 상용 원자로가 재활용된 원자로급 플루토늄을 연료로 사용하는데 이것은 무기로 사용 가능하다.(모든 상용 원자로의 동력 중 일부는 원자로 내부에서 생성된 플루토늄의 핵분열로 인해 발생한다.) 또한 수십 개의 연구용 원자로와 실험용 원자로는 여전히 고농축 우라늄을 사용하고 있다. 어떤 원자로는 의료용 동위원소를 만들기 위해 대상 물질로 고농축 우라늄을 사용한다. 또한 러시아의 쇄빙선은 전기 생산과 추진력을 위해 무기로 전환 가능한 우라늄을 이용하고 있다. 보안 프로그램들이 민간 영역에서 고농축 우라늄의 사용을 단계적으로 폐지하려고 노력하고 있으나 무기로 사용할 수 없는 대체 핵연료를 찾기가 어려운 점이 장애 요소로 작용하고 있다. 그러나 최근 과학기술의 획기적 발전으로 이러한 기술적 문제점을 점차 극복해 나가고 있다. 남아 있는 장애는 민간 분야에서의 고농축 우라늄 사용을 없애려는 정치적 의지의 부족과 현재 기술을 대체할 기술을 찾는 데 필요한 엄청난 비용이다. 민간에서 사용되는 고농축 우라늄은 결국 폐기될 가능성이 높지만, 플루토늄 재사용 연료의 단계적 폐지는 프랑스, 인도, 일본, 러시아 등 몇몇 주요 원자력 이용 국가들이 계속적으로 사용하고 있기 때문에 가능성이 훨씬 낮아 보인다.

현재 전 세계에 있는 핵분열 물질의 대부분은 러시아와 미국이 가지고 있다. 이들은 방위적 필요를 넘어서는 잉여분에 해당하는 수백 톤의 고농축 우라늄을 비무기적 사용 형태로 바꾸고 있다고 선언하였지만, 여전히 무기 목적으로 그리고 해군 원자로의 연료 목적으로 수백 톤을 비축하고 있다. 발표된 초과 물질들은 상당한 수의 상용 원자로에 연료로 쓰이고 있다. 예를 들어 미국은 104개의 원자로의 약 절반에 연료를 제공하기 위해 또는 미국 전기의 약 10%를 감당하기 위해 무기로 사용 가능하지만 변환된 러시아 우라늄을 구매해 왔다. 따라서 미국의 10개 전구 중 하나는 폐기된 러시아 탄두로부터 나온 우라늄으로 불을 밝힌다고 할 수 있다. 미국과 러시아는 무기로 이용 가능한 우라늄을 추가적으로 원자로 연료로 전환하기 위해 이 프로그램의 연장에 대해 일련의 논의를 진행하였지만 아직 합의에 이르지는 못하였다.

핵무기로 무장한 대부분 국가들은 군사용 플루토늄 생산을 중단하였다. 원조 핵무기 보유국 5개국 중 중국만이 생산 중단을 공식적으로 선언하지 않았지만, 일반적으로 중단하였으리라 믿어진다. 하지만 인도와 파키스탄이 핵군비 경쟁을 하면서 군사용 플루토늄을 계속 생산하고 있다. 북한도 플루토늄 생산시설을 재가동하려는 조치를 취하였고, 추가적인 플루토늄 생산용 원자로를 이미 건설하였을 수도 있다. 인도, 북한, 파키스탄의 군사용 플루토늄 비축량이 핵확산을 위협하지만 민간의 플루토늄 사용 증가도 안보에 대한 잠재적 우려를 일으킨다. 프랑스, 러시아, 영국 같은 핵무기 보유국들은 이미 핵무기를 가지고 있기 때문에 당연히 수평적 핵확산 위협이 없다. 일본이 플루토늄을 사용후 핵연료로부터 분리하는 재처리 설비를 가진 유일한 비핵무기 국가이다. 중국은 일본의 플루토늄 비축 증가와 추후의 생산 능력에 대해 우려를 나타내고 있다. 핵분열물질국제패널에 따르면, 2010년 현재 민간 사용 분리 플루토늄의 전체 비축량은 약 250톤으로 군용 비축량과 대략 비슷하다. 하지만 민간 비축량이 군용 비축량보다 빠르게 증가하고 있는데, 이는 수천 개의 핵탄두에 장착될 수 있는 양이다.

한 국가가 완전히 핵을 폐기하거나 핵무기를 포기한 적이 있는가?

남아프리카공화국이 완전히 핵을 폐기한 유일한 국가이다. 1970년대 남아공의 지도자들은 인종차별 때문에 점차 고립되면서 위기를 느꼈다. 그들은 핵무기가 자신들의 안보를 강화할 것으로 믿었지만 실제로 핵무기를 사용하는 것을 진지하게 생각해 보지 않았던 것 같다. '억제된 야망'에서 라이스가 관찰한 바와 같이 아프리카 지도자들은 핵무기 폭파라는 선택을 정치적 신호기제로 고안하였다. 이 시나리오에서 핵폭발은 인구 밀집 지역에서 멀리 떨어진 곳에서 일어날 확률이 높다.

남아공은 우라늄 농축 시설 건설에 서독의 도움을 받았다. 이 시설은 6개의 총 타입 핵폭탄 제조가 가능한 양의 고농축 우라늄을 생산하였다. 1980년대 후반 클락 대통령이 핵무기 프로그램 포기를 결정하려고 할 때 남아공은 7번째 핵폭탄을 만들 수 있는 우라늄 농축 설비를 건설하고 있었다. 클락 대통령은 아파르트헤이트 정권이 역사의 뒤로 사라질 것을 알았다. 이 정권의 마지막 십년인 1980년대 동안의 국제적 제재는 남아공 지도자들에게 이런 차별적 통치를 끝내도록 설득하는 데 효과적이었다. 남아공은 핵무기를 폐기한 후 국제원자력기구 조사관들을 불러 폐기를 확인시켰다. 하지만 남아공은 지속적으로 무기로 이용 가능한 우라늄을 비축하고 있는데 이것은 모두 비군사용이다.

새로운 국가에서 세습된 핵무기는 위험할 수 있다. 1991년 소련의 와해로 거대 소련으로부터 15개 독립국이 탄생하였다. 러시아가 지정된 핵무기 소유 계승국이지만 벨라루스, 카자흐스탄, 우크라이나는 여전히 자국 영토에 소련 핵무기를 가지고 있었다. 러시아 정부는 이 무기들을 러시아로 넘겨 주기를 원하였지만 신생국에게 이러한 핵무기는 커다란 버팀목이었다. 이후 창의적인 외교와 다양한 금융 인센티브로 이 신생국가들이 핵무기를 포기하고 국제사회에 비핵무기 보유국이 되도록 설득하는 데 성공할 수 있었다.

Q

핵확산 금지체제란?

핵무기가 더 많은 국가로 확산되는 것을 막기 위해 만들어진 핵확산 금지체제는 핵확산금지조약, 국제원자력기구 같은 국제기구, 원자력

공급국그룹 가맹 국가가 이 프로그램으로부터 기술과 원조를 받기 위해 자신들의 평화적 핵 프로그램에 대한 보안조치와 모니터링을 받아들이는 데 합의하는 쌍방 핵 협동 조약 등으로 이루어진다. 유엔안전보장이사회가 이 시스템을 강화하는 책임을 맡고 있다. 과거에 확산 우려가 있는 경우 안전보장이사회가 위반국이 이 법을 다시 지키도록 소환하고 때로 위반국에 경제, 군사, 정치적 제재를 가하는 결의안을 통과시켰다.

Q

핵확산금지조약이란?

1960년대 초 미국의 케네디 대통령은 핵확산이 계속 심화되는 경향으로 인해 1970년대까지는 15개국 이상의 새로운 핵무장 국가가 생길 수 있다고 경고하였다. 그가 이런 연설을 하였을 때 적어도 20~30개 나라들이 핵무기 프로그램을 검토하고 있었다. 그의 연설 이전에도 핵무기 프로그램이 확산되는 것을 막으려는 외교적 조치가 시행되고 있었다. 1950년대 후반에 아일랜드가 유엔에 '핵무기의 비전파'에 대한 결의를 제안하면서 이 조약이 시작되었다. 1961년까지의 아일랜드의 노력이 핵확산금지조약으로 가는 길을 닦는 데 도움을 주었다. 하지만 미국의 도움 없이 핵확산금지 조약이 생길 희망은 없었다.

1964년에 존슨 대통령은 핵확산을 막기 위해 미국이 할 수 있는 일을 평가하기 위해 길페트릭(Gilpatric) 위원회를 설립하였다. 이 위원회가 만들어지게 된 직접적인 동기는 1964년 10월 중국의 핵실험이었다. 국방부 차관인 길페트릭(Roswell Gilpatric)이 의장을 맡은 이 위원회는 확산을 방지할 수 없는 것으로 받아들일지, 확산 방지 노력이 가치 있기는 하지만 더 긴급한 문제를 희생할 정도는 아니라고 인식해야 할지, 확산을 막는 공동의 노력을 최우선 과제로 놓아야 할지, 확산을 막기 위해 과격한 행동, 즉 군사적 선제공격까지 해야 할지 여부를 조사하였다. 2003년 5월 14일 MIT대학교 세미나에서 텍사스대학교 가빈(Francis Gavin)은 위원회가 발표한 보고서의 세 가지 역설을 폭로하였다. 첫째, 미국이 확산 반대에 더 많은 노력을 기울일수록 약소국에게는 정치적 협상 칩으로서 핵무기가 더 가치 있는 것처럼 보인다. 둘째, 효과적으로 확산을 반대하기 위해서는 강적 소련과 협력이 필수적이다. 셋째, 확산 반대라는 목적이 때때로 미국의 핵에 대한 자세와 양립하지 않았다. 즉 동맹국들에게 핵 억지력을 제공하겠다는 미국의 서약이 핵무기가 가치 있다고 인식하는 것을 줄이려는 미국의 노력을 손상시킬 수 있다. 위원회는 미국에게 핵무기가 더 확산되는 것을 저지하기 위해 소련과 밀접한 공조를 하기를 권장하였다. 이 보고서 결과는 30년 동안 대외비였다. 그럼에도 불구하고 그 보고서의 권장사항들이 존슨 대통령으로 하여금 비확산조약을 추구하게 만들었다.

1970년 시행된 핵확산금지조약(NPT)은 세 개의 원칙을 담고 있다. 다른 나라로 핵무기가 확산되는 것을 막고, 이 조약의 규칙을 준수하는 나라들에게 평화적으로 원자력을 이용할 수 있게 하고, 전반적이며 완전한 핵군축을 추구한다는 것이다. 이 조약이 공개되기 전 이미 공개적으로 핵폭탄을 획득한 5개국은 핵무기 보유국가로서의 특별한 지위를 얻었다. 이 조약은 '핵무기 보유국'을 1967년 1월 1일 이전 핵장치를 폭파시킨 나라로 정의한다. 다른 나라들은 비록 조약에 참여하였다고 하더라도 모두 핵무기 미보유국으로 정의된다. 따라서 인도, 이스라엘, 파키스탄은 이 조약에 서명하지 않은 나라인데 여전히 핵무기 미보유국으로 간주된다. 북한은 1985년에 조약에 참여하였지만 자국의 안보에 대한 우려를 핑계로 2003년 1월에 탈퇴하였다. 유엔헌장을 제외하면 핵확산금지조약이 188개국의 회원을 가진 가장 널리 준수되는 조약이다.

때로 핵확산금지조약은 핵 공급국들이 핵무기 미보유국들로 하여금 평화적 핵기술에 접근하도록 하는 대신 그 나라들이 핵폭탄을 획득하지 않기로 서약하고 자신들의 평화적 핵 프로그램에 적절한 보안조치를 유지하게 하는 하나의 거대한 거래로서 기술된다. 게다가 핵무기 보유국가들이 핵군축을 추구하고 전반적이고 완전한 군축 협정을 하겠다고 서약하였다. 이 조약에는 비확산조약의 완전한 실행을 힘들게 하는 논란이 될 부분이 포함되어 있었다. 일단 조약의 4조는 수혜국이 적절한 보안조치를 유지하는지 여부에 따라 평화적인 핵기술에 대한 '양도할 수 없는 권리'를 가지고 있음을 지적하고 있지만, 이중용도 농축과 재처리 기술에 대한 접근을 명시적으로 언급하지 않고 있다. 브라질, 이란, 일본 같은 핵무기 미보유국들은 이 조항을 자신들이 농축 또는 재처리 설비를 획득하는 데 있어 유리한 것으로 해석하였다.

하지만 이 나라들은 안전조치를 지키는 정도가 다르다. 브라질은 농축시설에 대한 국제원자력기구의 조사에는 응하였지만 보다 엄격한 안전조치시스템을 시행하는 것은 거부하고 있다. 이와 비교하여 일본은 좀 더 엄격한 안전조치를 실행해 오고 있다. 이란은 안전조치 준수규정을 위반하였음이 밝혀졌다. 일부 핵확산 방지 전문가들과 정치가들은 앞으로 핵무기 미보유국들이 이런 설비를 획득하는 것을 방지하라고 요구하고, 어떤 전문가들은 어떤 나라들이 그런 기술을 받을 자격이 있는지를 결정할 기준을 제시하였다.

관련된 또 다른 논쟁은 조약으로부터의 탈퇴를 어떻게 막을 것이며 만일 탈퇴하면 어떻게 해야 하는가이다. 회원국은 조약의 10조항에 의거해 국가의 최고이익을 이유로 가입 90일 이후 탈퇴를 할 수 있는 선택권이 있다. 비록 지금까지는 북한만 탈퇴하였지만 이란이 다음 타자가 될 수도 있다. 이란이 탈퇴를 한다면 다른 많은 나라들도 그 뒤를 따라 탈퇴할 수 있다. 이 경우 핵확산금지 체제가 사멸될 수 있다는 우려가 있다. 많은 전문가들은 탈퇴국이 특히 안전조치 조약을 위반할 경우 평화적 핵 물질이나 기술을 무기제조 목적으로 전용하였는지 여부를 결정하기 위해 특별 국제조사를 받도록 개방해야 한다고 제안하였다. 추가적인 제안에는 핵확산금지조약의 조건을 어긴 탈퇴국에게 재료와 기술을 제공국에게 돌려줄 것을 요구해야 한다는 것이다. 그러나 이 제안들을 시행하는 것은 매우 어려울 것으로 보인다.

또 다른 주요 논쟁은 핵 감축에 대한 시간제한 약속이 없다는 것이다. 사실 이 조약은 단지 '핵 군축의 추구'만을 언급하며 '전반적이고 완전한 군축'을 언급한다. 많은 사람들이 완전한 군축은 비현실적인 목표라고 믿는다. 그럼에도 불구하고 많은 나라들이 안심하고 군축을 진행할 수 있도록 최고의 주의를 기울일 수만 있다면 더 강하게 밀고나가 핵군축을 추구할 수 있다. 오바마 미국 대통령은 미국이 핵군축을 추구할 것임을 거듭 약속하였지만, 다른 나라들이 핵무기를 가지고 있는 한 안전하고 믿을 수 있는 핵 방지책을 계속 유지할 것이라고 경고하였다. 이 언급은 핵 군축이 영원히 달성될 수 없음을 암시하는 것처럼 보일 수도 있다. 그러나 만일 모든 핵무기 국가들이 핵무기를 포기하는 데 동의한다면 군축으로 가는 길이 좀 더 유망할 수도 있음을 시사한다.

Q

국제원자력기구란 무엇이며 핵확산 방지에 어떤 역할을 담당하는가?

국제원자력기구(IAEA, International Atomic Energy Agency)는 유엔 산하의 국제기구이지만 여타 기구들과는 다른 독특한 독립 헌장을 가지고 있다. 1957년 탄생한 이 기구는 1953년 12월 8일 미국 대통령 아이젠하워의 유명한 '평화를 위한 핵'이라는 연설의 소산이다. 그는 평화적인 핵 기술에 대한 접근을 확실히 하는 데 도움을 줄 원자력 기구를 구상하였다. 이에 따라 만들어진 국제원자력기구는 평화적 핵 프로그램을 모니터링하며 어떤 국가가 핵무기 제조를 위해 프로그램을 오용할 경우 경보를 울리는 역할을 하였다.

평화적인 핵이용 홍보와 확산 방지에 덧붙여 국제원자력기구는 원자력에 대한 안전기준을 개발하는 데 있어 선도적인 역할을 하고 있다. 2001년의 911 테러 공격 이후에는 회원국들이 악의적인 사람들에게 취약할 수 있는 핵 재료와 설비를 안전하게 보전하도록 도울 수 있는 능력을 갖추고자 더욱 힘쓰고 있다. 이와 함께 국제원자력기구는 안전과 외부로부터의 핵시설 보호는 각 국가의 책임임을 명확하게 하고 있다.

Q

원자력 안전조치란 무엇이며 어떻게 발전하였는가?

국제원자력기구에 따르면 원자력 안전조치(safeguards)는 핵 재료가 평화적 이용을 벗어나 유용되지 않은 것을 입증하기 위한 조치들이다. 안전조치가 효과적으로 작동할 경우, 유용하면 덜미가 잡힐 가능성이 높아진다. 한 나라가 핵확산을 하고자 결정하는 과정에는 국내외적 영향력과 기술적 요구를 저울질해 보고, 핵무기를 만들 인적 기술적 자원이 있는지, 아니면 확보할 수 있는지 여부를 평가하는 일련의 복잡한 정치적 결정이 포함된다. 이때 안전조치는 핵확산을 결정하고 실행하는 비용을 높이는 효과가 있다. 하지만 안전조치시스템은 회원국들을 강제하기 어렵다. 이웃한 국가들이 완전히 참여하고 있다는 것을 서로 확신할 수 있을 때 이 시스템이 효과적으로 작동할 것이다.

모든 국가는 자신의 주권을 보존하기를 원하며, 당연히 자신들의 행위에 국제적 개입을 최소화하려는 경향을 가진다. 하지만 평화적 핵 프로그램의 이중적 사용이라는 속성 때문에 이웃 국가, 특히 라이벌이나 적에게 자신들이 핵무기를 획득하지 않는다는 점을 확신시키기 위하여, 주권을 넘어서 자신들의 프로그램을 조사할 수 있도록 개방해야 상호에게 이익이 된다. 모든 국가들이 자국의 핵시설에 대한 완전한 접근을 제공하면 안전조치시스템이 효과적으로 작동할 것이다. 하지만 여전히 많은 국가들이 적절한 접근을 계속해서 거부하고 있다.

안전조치는 위험에 대응하면서 진화하였다. 국제원자력기구가 1957년에 만들어졌지만, 평화적 핵 프로그램에 대한 안전조치는 2년 후부터 시작되었다. 1959년 원자력기구 이사회는 일본이 미국으로부터 얻은 소규모 원자로에 안전조치를 적용하기로 하였다. 이것은 안전조치를 받는 원자로 기술에 대한 좋은 전례가 되었다. 1960년대에는 주로 특정 설비, 특히 농축과 재처리 이중이용 설비에 안전조치가 적용되었다.

1970년 비확산조약 발표로 안전조치시스템이 훨씬 더 강화되었다. 특히 이 조약의 3항은 국제원자력기구에게 모든 핵무기 미보유국 당사자와 '전반적 안전조치 협정'을 체결할 수 있는 권한을 부여한다. 현재 대부분 국가들이 이 전반적 안전조치 협정시스템에 속해 있지만 여전히 속해 있지 않은 몇 개 국가들이 있다. 또한 '전반적'이라는 단어에도 불구하고 전반적 안전조치로는 충분하지 않다. 문제는 이 안전조치가

각 나라가 공표한 핵 설비에만 적용될 뿐, 공표하지 않은 설비에 대해서는 적용되지 않는다는 것이다. 1980년대부터 1991년까지 이란은 비공개 설비를 공개한 설비 옆에 위치시킴으로써 이 허점을 이용하였다. 국제원자력기구 조사관들은 공개된 설비에는 접근하였지만, 비공개 설비에는 접근할 수 없었다. 국제원자력기구 규정에 따르면 특별 조사 조항 하에 이런 시설에 대한 조사를 요구할 수 있다. 하지만 원자력기구 이사회는 이런 권한을 사용하는 것을 꺼렸다.

1991년 1차 걸프(Gulf)전 이후 이라크가 핵폭탄을 만들 만큼 충분한 핵분열성 재료를 거의 확보하였다는 사실이 밝혀졌다. 결과적으로 국제원자력기구 이사회는 좀 더 엄격한 안전조치시스템을 준비하게 되었다. 줄여서 보충협약이라고 부르는 '전반적인 안전조치에 대한 보충 모델협약'은 단순히 한 나라가 공표한 물질과 설비가 정확한지 확인하는 회계담당관으로부터 공표하지 않은 물질과 설비를 가지고 있는지 여부를 조사하는 탐정으로 조사관의 역할을 바꾸려는 것이었다. 또한 보충협약은 조사관으로 하여금 채굴과 분쇄 활동을 포함한 전 핵연료 주기에 대해 광범위하게 접근할 수 있도록 하고, 이전 협약보다 의심되는 시설에 더 빨리 접근할 수 있게 하였다. 특히 조사관이 어떤 장소에 있고, 그 장소에 있는 설비에 미심쩍은 일이 발생하고 있다고 의심할 만하다면, 요구 후 2시간 이내에 접근을 요청할 수 있게 되었다. 조사관이 현장에 없다면 24시간 이내에 접근할 수 있어야 한다.

약 반 정도의 국가가 이 보충협약에 서명을 하였지만, 실제로 이것을 완전히 시행하는 국가 수는 더 적다. 당황스러운 점은 핵 공급국이 보충협약을 핵원료와 기술을 받기 위한 선행조건으로 정하는 데 아직 동의하지 않았다는 점이다. 예를 들어 이집트는 이 협약이 추가적 부담이라고 느끼고, 핵확산금지조약 미가맹국인 이스라엘 상황을 드러내기 위해서 이 협약의 준수를 거부하였다.

안전조치에서 벗어나 있는 핵확산금지조약 미가입국들에 대해서는 주요 핵공급국들이 핵물질과 기술을 제공하지 않기로 하였다. 하지만 2008년 인도는 이런 관행을 깨뜨렸다. 2기 부시 행정부가 핵 공급국을 설득해서 인도가 가지고 있는 평화적 핵 시설의 더 많은 부분을 안전조치 하에 놓는 대신, 인도가 국제 핵시장에 접근할 수 있도록 안전조치를 느슨하게 해 주었기 때문이다. 이 행동은 비핵 국가들이 전반적 안전조치를 적용받는 사이에 핵확산금지조약 미가입 핵 보유국들은 시장으로의 접근이 가능해 핵무기를 포기하지 않고도 평화적 핵산업을 확장할 수 있다는 점에서 이중 잣대를 추가한 꼴이 되었다.

원래의 이중 잣대는 핵확산금지조약의 핵 보유 5개국과 미보유국들 사이에 있다. 이 5개국은 모든 평화적 핵 프로그램에 안전조치를 적용하도록 요구받지 않으며 선택된 시설과 물질에 대해 자발적으로 안전조치 협약을 수용할 수 있다. 예를 들어 미국은 국제원자력기구에 자국의 평화적 설비를 개방해 조사를 하게 하지만 실제로는 국제원자력기구의 제한된 자원 때문에 그리고 핵무기 국가로서 미국이 평화적 설비를 유용하여 핵분열성 물질을 만들 이유가 없다는 사실 때문에 이런 조사를 거의 받지 않았다. 요약하자면 현재의 안전조치시스템은 각양각색으로 이루어져 있다. 즉 과반수 이상의 국가들이 전반적 안전조치를 적용하고 있으며 그 중 점점 더 많은 국가들이 보충협약을 시행하고 있는 반면, 몇몇 국가들은 핵확산금지조약의 안전조치시스템 테두리 밖에 있고 약간의 설비특화 안전조치만을 적용하고 있다. 또한 핵보유 5개국은 자발적으로 안전조치를 받아들일 수 있다.

Q 핵 안전조치는 효과적인가?

각양각색으로 이루어져 있는 안전조치의 특성을 고려해 볼 때 그 효과에 대한 의문이 있을 수 있다. 이중 잣대에 대한 우려가 없다고 하더라도 전반적 안전조치시스템과 이에 동반되는 보충협약은 여전히 단점이 있다. 이상적인 시스템이라면 그것은 평화적 핵 프로그램의 모든 원료와 기술을 거의 실시간으로 지속적으로 모니터링하고 비밀 농축과 재처리 설비같이 발표되지 않은 행위를 감지하기 위해 광범위한 환경 샘플을 채취해야 한다. 물론 그런 시스템은 국제원자력기구가 현재 이용가능한 것보다 훨씬 더 많은 자원을 요구할 것이다.

코체란(Thomas Cochran)과 소콜스키(Henry Sokolski) 같은 유명한 핵확산방지 전문가들은 자원 제약 때문에 핵 안전조치시스템이 제대로 작동하지 못한다고 주장한다. 엘바라데이(Mohamed El Baradei)도 국제원자력기구의 이사회 의장이었을 때 충분한 자원이 없다면 원자력기구는 점점 '속이 비어' 제 역할을 하지 못할 것이라고 경고하였다. 2008년에 제딜로(Ernesto Zedillo) 전 멕시코 대통령이 의장으로 있는 저명석학패널(Eminent Persons Panel)은 안전조치를 요구하는 핵물질 양과 임무 수행에 필요한 기금 규모의 차이가 점점 커지는 문제점을 해결하기 위하여 국제원자력기구의 예산을 대규모로 늘리라고 요구하였다. 이 패널의 보고서로 인해 예산이 조금 증가했지만 충분하지는 않았다.

안전조치의 효율성은 신뢰할 만한 감지시스템과 억제시스템이 있느냐에 달려 있다. 국제원자력기구가 핵물질의 무기 유용을 억제할 수 있다는 확신을 주려면, 이 기구가 유용 여부를 조기에 감지할 수 있다는 믿음을 줘야 한다. 그 시기의 적절성은 핵물질을 무기로 전환하는 데 필요한 시간이 얼마나 오래 걸리는지에 달려 있다. 이 전환 기간은 물질의 화학적 구성에 따라 다르다. 무기로 이용 가능한 이상적인 물질은 무기 수준의 고순도 우라늄과 플루토늄 금속이다. 국제원자력기구에 따르면 이런 물질을 무기로 전환하는 데 걸리는 시간은 7~10일 정도이다. 문제는 국제원자력기구가 이런 전환 가능성을 감지할 수 있을 만큼 자주 조사를 하지 않았다는 점이다. 국제원자력기구는 이런 물질들을 한달 이내에 감지하는 것을 목표로 하지만 일반적으로 그만큼 자주 핵시설을 조사하지 않는다. 다른 물질의 변환 시간은 더 길다. 고농축 우라늄과 플루토늄 산화물은 1~3주의 시간이 필요하다. 사용후 핵연료에 포함된 고농축 우라늄과 플루토늄은 1~3개월이 필요하며, 저농축 우라늄은 3~12개월의 시간이 필요하다. 일반적으로 국제원자력기구의 적시감지 목표와 조사 간격은 이런 변환 시간보다 더 길다.

핵시설 유형 역시 안전조치의 효과에 상당한 영향을 미친다. 예를 들어 발표된 원자로를 사찰하는 것은 상대적으로 쉽다. 원자로를 방문하였을 때 사용후 핵연료 조립품 같이 크고 눈에 잘 띠는 개별 아이템의 개수를 셀 수 있기 때문이다. 반면 농축과 재처리 시설 같은 핵분열성 물질을 다루는 설비를 사찰하는 것은 이 시설들이 상당한 길이의 파이프와 다른 설비 부품들을 통해 많은 양의 물질을 대량 유통시키기 때문에 훨씬 어렵다. 그런 설비들은 물질의 소재 파악을 어렵게 만드는 경향이 있고, 따라서 하나 이상의 핵폭탄을 제조할 수 있는 핵분열성 물질을 유용할 가능성이 있다.

핵공급그룹이란?

1974년 인도의 핵 실험은 미국과 캐나다 그리고 몇몇 동맹국들이 관련 기술이 더 이상 유용되는 것을 막는 방법을 찾는 계기가 되었다. 이 실험에 미국과 캐나다 기술로 생산된 플루토늄을 이용하였기 때문이다. 특히 인도는 캐나다로부터 사이러스(Cirus) 원자로를 얻었는데, 이 원자로는 핵반응 조정과 원자로 노심 냉각을 위해 중수라고 불리는 특별한 종류의 물을 사용하였다. 그리고 미국이 이 원자로에 중수를 제공한 것이다. 중수 원자로는 무기 수준의 플루토늄을 생산하는 데 적합하다.

1974년 쟁거위원회(Zangger Committee)는 설비가 핵무기 미보유국에 핵물질 및 장비가 판매될 경우 안전조치 시행 요구가 바로 작동되는 원자력 설비 목록을 발표하였다. 그리고 이 목록에 있는 설비를 핵무기 미보유국에 제공할 때 준수해야 할 3개의 조건을 명시하였다. 첫째, 수혜국이 핵폭탄을 개발할 수 없도록 한다. 둘째, 수혜국은 국제원자력기구와 안전조치 협약을 체결한다. 셋째, 설비가 다른 나라로 재이동 시 새로운 수혜국이 비슷한 수준의 안전조치를 시행할 것을 요구한다. 한편 쟁거위원회는 바로 1년 전에 시행된 핵확산금지조약의 제3조 안전조치 관련 규정의 효과적인 시행 방법을 결정하기 위하여 1971년 주요 핵공급 그룹 간에 설립된 기구이다.

1978년 캐나다와 미국은 기존 쟁거위원회의 영향력을 이용해서 핵공급그룹(NSC, Nuclear Suppliers Group)을 설립하였다. 핵공급그룹은 주요 핵기술 공급국을 포함하지만, 모든 주요 천연 우라늄 공급국을 포함하지는 않는다. 핵공급 그룹인 46개국은 무기 프로그램에 이용될 수 있는 민감한 기술의 판매를 통제하기 위한 지침을 개발하기 위해 뭉쳤다. 이 지침을 절대로 위반할 수 없는 것은 아니지만, 회원국들은 대체로 이 지침을 준수하고 있다. 이 지침은 1978년 핵공급그룹이 설립된 이래 계속 발전해 왔다. 핵공급그룹의 지침은 쟁거위원회가 제시한 요구사항에서 더 나아가 핵물질과 설비에 대한 물리적 안전조치를 요구하며, 다른 나라로 설비를 양도하는 규정을 더욱 강화시켰다. 또한 핵공급그룹은 구매한 설비와 물질이 안전조치 규제를 받을 것을 해당국 정부가 공식적으로 보증할 것을 요구하였다. 하지만 처음에 만들어진

지침에서는 한 나라 안의 모든 핵 활동에 대해 안전조치를 시행하라고 명시적으로 요구하지 않았다. 예를 들어 한 나라가 순수하게 자국의 힘으로 개발한 많은 핵 시설과 물질이 있을 수 있다. 핵확산금지조약에 서명한 핵무기 미보유국들은 모든 발표된 시설과 물질을 국제원자력기구의 안전조치 하에 두도록 요구받지만 인도, 이란, 파키스탄 같이 조약 외부에 있는 몇몇 국가들은 이런 요구를 받지 않는다.

핵공급그룹이 직면한 문제는 이 국가들이 핵거래에 참가하는 것을 허락해야 하느냐는 것이다. 안전조치 이전에 만들어진 조약에 명시된 행위로만 제한된 거래일 경우 이런 거래를 허락해야 하는가도 관련된 이슈이다. 이 문제를 다루기 위하여 1992년 핵 프로그램 전체에 대해 '전면적 안전조치'를 적용할 때만 핵거래가 허용될 수 있다고 명시함으로써 안전조치를 강화하였다.

이 지침은 핵확산금지조약 미가입국에게 도움을 줄 수 있는 안전 관련 조항과 조부 조항(원래 의미는 1895~1910년 미국 남부의 7개 주에서 미국 흑인들에게 투표권을 주지 않으려고 만들어 낸 법률 장치. 여기에서는 조약 가입국의 기득권을 의미)을 가지고 있다. 예를 들어 러시아는 조부 조항에 의거하여 1992년 이전에 시작한 프로젝트를 계속할 수 있다. 이 프로젝트에는 러시아가 인도 쿠단쿠람(Kudankulam) 부지에 상용 원자로를 건설하는 것도 포함된다. 1998년 인도가 핵실험을 실시하기 전까지 미국은 핵공급그룹이 설립되기 이전에 제공하였던 타라퍼(Tarapur) 원자로를 포함하여 인도에 다양한 핵안전 관련 도움을 주었다. 이것은 2008년 부시 정부의 요구에 의해 핵공급그룹이 인도를 예외로 하기로 결정하면서 다시 원점으로 돌아왔다. 인도가 1974년 핵 실험으로 핵공급그룹 창설을 촉진시켰고, 30년 이상 충분히 벌을 받았으며, 인도 혼자서는 충족하지 못할 만큼 원자력 에너지 수요가 증가한다는 것이 이유였다. 이를 비판하는 사람들은 외부 핵연료를 인도에게 판매하면 폭탄용 플루토늄 제조에 이용되는 희소 토착 우라늄 공급을 자유롭게 할 것이며, 안전조치를 느슨하게 하는 것(인도에게 보상을 주는 것)은 이란과 같은 핵확산 잠재력을 가진 나라들에게 잘못된 메시지를 보낼 수 있다고 경고한다. 또한 많은 인도 원자로를 안전조치 밖에 남겨 놓는 것은 인도로 하여금 무기 사용이 가능한 대량의 플루토늄을 생산할 여지를 주는 것이라고 주장한다.

상용 원자력이 핵무기 제조에 사용된 적이 있을까?

이 질문에 대한 답은 논쟁의 여지가 있다. 원자력산업계의 고위 경영진들은 일반적으로 사용된 적이 없다고 말하지만, 핵확산금지 전문가들은 일반적으로 있다고 말한다. 지금까지 어떤 나라도 명확하게 상용 원자력 프로그램으로부터 핵분열 물질을 이용하여 무기를 제조하지는 않았다는 점에서 원자력업계 고위 경영자들의 말은 옳다고 볼 수 있다. 여기에서 '상용 전력'이란 가정이나 상업용 전기를 공급하기 위하여 생산되는 전력을 말한다. 하지만 핵확산금지 전문가들이 지적한

대로 무기 사용이 가능한 플루토늄 제조를 위해 연구용 원자로를 사용한 나라들이 있으며, 핵무기 프로그램 전문지식이 전력생산 프로그램으로 넘어가고 반대로 전력생산 프로그램의 전문지식이 핵무기로 넘어가는 경우도 있었다. 예를 들어 앞에서 언급한 것처럼 인도는 무기 이용이 가능한 플루토늄을 생산하기 위해 연구용 원자로를 오용하였고, 북한은 전력생산용이라고 하면서 연구용 원자로를 만들었지만 이 원자로는 전력생산에 사용된 적이 없다. 이 원자로는 북한이 무기로 이용할 수 있는 플루토늄의 원천이 되었다. 미국 무기 프로그램은 군함용 원자로 건설에 관련 전문지식을 제공하였고, 이 전문지식은 결국 미국의 상용 핵 프로그램 형성에 영향력을 끼쳤다. 상용 핵 활동과 군사용 핵 활동의 경계가 모호한 속에서 미국은 1998년 핵무기 제조를 위해 상용 원자로를 이용하여 중수소 형태인 삼중수소를 만들기로 결정하였다. 삼중수소는 핵무기의 폭발력을 높이는 데 필요하다. 당시 리차드슨(Bill Richardson) 에너지장관은 원자로가 위치한 테네시 벨리(Tennessee Valley) 법에 테네시 벨리 당국이 방위임무를 수행할 수 있다고 명시되어 있다는 것을 언급하였다. 러시아도 추운 시베리아 도시에 난방을 제공하는 등 주거용 에너지 목적으로 무기 수준의 플루토늄을 생산한 원자로를 이용하였다. 이 원자로에서의 무기 수준 플루토늄의 생산은 2010년 4월 중단되었다.

현재는 이란이 상용 원자력을 무기 목적으로 이용하지 않겠다는 약속을 어길 가능성이 가장 높다. 이란이 무기 제작에 필요한 핵분열성 물질을 만드는 데 전력생산 프로그램이라는 포장을 이용한다면, 핵확산금지 전문가들은 그것이 곧 무기 제조로 이어질 것이라고 예상한다. 2011년 초를 기준으로 이란은 자신들이 핵확산금지 시스템 내에 남아 있고 평화로운 프로그램만을 추구한다고 일관성 있게 말해 왔지만, 이란이 핵무기를 획득한다면 다른 나라들이 이와 같은 위험한 세계로 따라가도록 길을 만드는 데 지대한 영향을 끼칠 것이다.

Q
핵확산 금지를 위해 어떤 일을 할 수 있을까?

핵확산을 금지하기 위해서는 많은 노력이 필요하다. 무기로 이용 가능한 기술의 확산을 막고 평화적 핵 프로그램에 안전조치를 적용하는 것에 많은 주의를 기울이고 있지만, 실제 핵확산 문제에서 가장 중요하면서도 곤란한 부분은 정치적 의지이다. 각 국가들이 국제적 규범으로서 핵확산 금지를 확립시키도록 진지한 노력을 하는 것이 중요하다. 핵확산금지조약은 이러한 방향으로 내딛은 첫걸음이라고 할 수 있다. 하지만 앞에서 살펴본 것처럼 몇몇 나라들은 여전히 이 조약의 영향력 밖에 있다. 그리고 더 많은 나라들이 핵확산을 추구하기로 결정할지도 모른다. 보다 더 확실히 안전을 제공하는 하나의 방법은 핵무기 보유 국가들이 가맹국들에게 핵공격으로부터의 보호를 약속하는 것이다. 하지만 이렇게 하면 다른 나라들에게 핵무기를 소유할 가치가 있다는 신호를 보낼 수 있다. 보완적 안전 보장은 '부정적 안전 보장'으로도 불리는데, 핵 보유국이 미보유국에게 핵 보유국과 연합하지 않는 한 그 나라를 공격하지 않겠다고 맹세하는 것이다.

이러한 선언은 핵무기의 중요성을 낮출 수 있다. 핵무기의 중요성을 더욱 낮추는 방법은 핵 보유국들이 핵군축을 추구하는 것이다. 많은 나라들이 원자력 기반시설을 가지고 있기 때문에 핵군축만으로는 충분하지 않을 수 있다. 이 때문에 많은 핵확산금지 전문가들은 평화적 원자력을 확산시키려는 노력에 경고를 보내고 있다. 사실 미국에는 1978년에 핵확산금지법이 만들어졌으며, 이 법령 제5장에서 모든 나라들은 원자력 에너지와 비원자력 에너지 옵션을 평가해야 하며 모든 에너지원의 장단점을 따져봐야 한다고 명시하고 있다. 그러나 미국은 이 법을 완전히 시행하지 않았다. 이 법을 시행할 경우 미국은 법에서 규정한 평가를 이행해야 한다.

또 다른 방법은 더 많은 나라들이 원자력을 추구할 것으로 예상되므로, 이들 나라들이 안정적인 연료 공급이 필요하다는 것을 인정할 수 있게 하는 것이다. 이에 주요 공급국들과 그 동맹국들은 이들 나라가 자체 연료 생산 설비를 건설하는 것을 막기 위해서 연료 공급을 보장해 주겠다고 제안하였다. 그러면 구매하는 국가 입장에서는 연료 공급 보장의 대가로 농축 우라늄이나 재처리 플루토늄을 갖지 않겠다고 동의할 수 있다. 이것은 새롭게 원자력을 이용하게 된 나라들이 자체 연료 설비를 건설해야할 수고를 덜어줄 것이다. 그러나 몇몇 개발국들은 자국의 주권이 침해될 수 있다고 우려하며 이를 받아들이지 않았다. 이들 국가들이 자신의 자긍심과 위신 때문에 연료 제조를 계속 추구할 수도 있고, 선불 자금비용이 결국에는 청산될 것이라는 견해를 가질 수 있으며, 연료 제조가 에너지 확보에 도움이 된다고 믿을 수도 있고, 잠재적 핵무기 제조 능력을 가지길 원할 수도 있다. 이란이 대표적인 예로, 이러한 모든 이유 때문에 우라늄 농축을 추구하고 있다. 브라질은 수십 년 전에 핵무기 프로그램을 포기하였지만, 위에 언급한 다른 이유들 때문에 계속 우라늄을 농축해 왔다. UAE는 미국의 동맹국인데, 2009년 미국-UAE 계약의 일부로서 연료 제조를 하지 않기로 동의하였다. 미국은 이 계약이 다른 나라들에게 모델이 되기를 바랐지만 토종 연료 개발을 추구하려는 여러 이유들에서 알 수 있듯이 모든 나라가 이 모델을 채택하지는 않을 것이다.

또 다른 선택은 소유권과 운영 통제까지도 일단의 나라들이 나눠 갖는 지역적 또는 대국적 연료 주기 시설 개발을 권장하는 것이다. 이 선택은 실패할 염려가 아주 없지는 않지만 정부들이 서로의 작업을 살펴볼 수 있으므로 어떤 한 정부가 무기 목적으로 이 기술을 오용할 잠재적 위험을 줄이는 이점이 있다. 더 나아가 이런 설비들은 기체 원심분리기 작동법 같은 민감한 정보를 감춤으로써 확산을 어렵게할 수 있다.

Q

핵연료 주기를 핵확산 금지를 강화하는 방향으로 개선할 수 있을까?

핵확산 금지에 대한 2004년 미국 물리학회 보고서는 핵확산을 막는 핵 기술은 없다는 사실을 강조하면서도 핵확산 금지를 강화하기 위해 더 많은 것을 할 수 있으며 또 반드시 해야 한다고 강조하였다. 프린스턴대학교 핵확산 금지 전문가 피버슨(Harold Feiveson)에 따르면, 핵확산 저지란 "국가나 국가 내 민간그룹이 핵연료 주기를 무기 목적으로 유용하는 것을 더 어렵게 하고 더 시간이 걸리며 더 투명하게 만들 수 있게 원자로와 연료 주기 개념을 채택하는 것"을 말한다. 핵확산을 금지하는 방법은 내재적 방법과 외부적 방법으로 분류되는데, 내재적 방법은 기술적, 물질상의 장벽을 말하며, 여기에는 핵분열성 물질의 동위원소 구성, 물질의 화학적 형태, 방사선 위험, 시설이 보유한 물질의 양, 물질을 탐지하는 능력, 설비 접근성, 설비 직원들의 숙련도와 전문지식, 무기로 사용가능한 형태로 물질을 변환하는 데 필요한 시간 등이 포함된다. 외부적 방법은 보안장치, 출입 통제, 설비 위치 등의 제도적 방법을 말한다.

Q

테러분자들이 핵무기를 만들 수 있을까?

다행스럽게도, 대부분의 테러집단은 핵 공격을 하고자 하는 동기가 없다. 폭력의 극단적인 형태인 핵 공격을 하려면 테러분자들이 대규모 살상을 적극적으로 할 의도가 있어야 한다. 그러나 모든 테러분자들이 무자비하고 비이성적인 살인자일 것이라는 일반적 인식과 달리 대부분의 테러분자들은 대규모의 피해를 가하는 것을 원하지 않는다. 테러 전문가 젠킨스(Brian Michael Jenkins)가 1970년대에 관찰한 바에 따르면, 테러분자들은 많은 사람들이 지켜보는 것을 원하지만 많은 사람들이 사망하는 것을 원하지는 않는다. 그가 관찰한 바로는 테러란 테러분자들이 정치가들로 하여금 자신들에게 유리하도록 정책을 바꾸도록 설득하기 위하여 자신들의 대의와 영향력에 대한 대중의 관심을 끌기 위한 특별한 이벤트라고 할 수 있다. 따라서 사망자 수가 많으면 테러분자들에 대한 사람들의 시선에 부정적인 영향을 미칠 수 있어 극단적인 형태의 핵공격을 할 확률은 적은 편이다. 테러분자들의 대의명분에 공감할 수 있는 주민 그룹의 경우 특히 그렇다. 예를 들어 스페인 바스크 지역의 많은 사람들은 50년 동안 재래식 무기를 가지고 수많은 공격을 감행한 바스크 분리주의자(ETA, Basque Father land and Liberty)가 요구하는 독립국가 설립이라는 대의에는 공감하였지만 대규모 파괴는 용인하지 않을 것이다. 2010년 12월 28일 「월스트리트」가 보도한 바와 같이, 바스크 분리주의자의 지도자 오테그(Arnaldo Otegi)가 수감 중에 스페인 정부와의 협상 결과에 따라 폭력을 버릴 수 있다고 발표한 것은 독립을 달성하기 위해 폭력적 방법을 사용하는 것이 점점 더 무의미해진다는 것을 보여 준다.

1980년대까지 10명 이상을 살상한 테러공격은 거의 없었다. 많은 테러전문가들에 따르면, 이란의 왕이 타도되고 신권정치가 시작된 1979년 이슬람 혁명이 분수령이 되었다.(이것을 계기로 대규모 파괴 성향의 테러가 일어났다.) 예를 들면 이 사건 직후 이슬람 극단주의자들이 레바논에서 대규모 트럭 폭탄테러를 감행하였다. 그 이후 수십 년 동안 대규모 파괴 성향을 가진 몇몇 그룹들이 생겨났다. 1980년대 소련의 아프가니스탄 점령에 반항하는 이슬람 전사인 무자헤딘(Mujahedeen)에서 나온 알카에다는 그런 공격 성향을 보여 왔다. 알카에다는 9.11 테러를 일으켰다. 알카에다 지도자 빈 라덴(Osama bin Laden)은 핵무기를 포함한 대량살상 무기를 획득하는 것이 자신들의 임무라고 말하였다. 또 다른 눈에 띄는 유형은 종말론에 기반한 광신적 사이비집단이다. 예를 들면 옴진리교는 1990년 중반까지 일본에서 매우 활동적이었던 종말론 종교 집단으로, 지도자인 쇼코 아사하라(Shoko Asahara)는 일본과 미국 사이의 핵전쟁을 시작함으로써 세계의 악을 정화하겠다는 목표를 세웠다. 이에 그의 추종자들은 러시아로부터 핵무기를 구입하려고 하였지만 실패하였다. 이들은 이어 우라늄이 묻힌 호주의 땅을 구입하였지만 다행히 핵무기를 손에 넣지는 못하였다. 요약하자면, 핵공격을 고려할 만큼 가장 동기 부여된 두 종류의 테러분자들은 알카에다 또는 알카에다와 연합하거나 알카에다에 의해 고무된 그룹과 종말론적 사이비집단이다.

그러나 핵공격을 하고자 하는 테러분자들이 있다고 해도 그들이 핵공격을 완수하는 것은 여전히 어려운 일이다. 여러 가지 장애물이 있는데, 그중 하나는 그들이 무기고로부터 온전한 핵무기를 손에 넣거나 급조형 핵장치(IND, improvised nuclear device)를 만들기에 충분한 양의 핵분열성 물질을 획득하는 데 어려움이 있기 때문이다. 첫 번째 선택의 경우, 테러분자들은 한 나라의 보안체계를 뚫고 무기를 얻거나 폭파코드를 제공받아야 한다. 두 번째 선택의 경우, 보안을 뚫고 급조형 핵장치를 만드는 데 필요한 기술을 획득해야 한다. 급조형 핵장치는 총 타입이나 급조형 타입 두 종류의 디자인을 이용할 수 있다.

총 타입 장치는 농축 우라늄이 임계질량(핵물질이 핵연쇄 반응에서 스스로 폭발할 수 있는 최소한의 질량) 이하인 슬러그를 또 다른 임계질량 이하인 슬러그에 총처럼 쏘아 초임계 질량(임계 질량 이상의 질량)을 만든다는 점에서 가장 단순한 디자인이다. 히로시마 원자폭탄이 이런 개념을 이용하였으나, 이 디자인은 전쟁에서 폭발시키기 전에는 전적으로 실험된 적이 없었다. 이 디자인에서는 다른 핵분열성 물질인 플루토늄이 너무 반응을 잘해서 조기 폭발을 하기 때문에 고농축 우라늄만을 이용할 수 있다. 이 디자인은 간단한 것처럼 보이지만, 이 폭탄을 만들려면 테러 집단이 40킬로그램 이상의 무기 수준 우라늄을 확보해야 한다.

이와 비교하여 급조형 핵장치는 만들기가 어렵고 플루토늄이나 고농축 우라늄을 초임계 수준으로 짜 넣어야 한다. 불균형하게 짜 넣을 경우 폭탄이 제대로 작동하지 않거나 기껏해야 디자인한 것보다 작은 규모의 핵 폭발력 수준밖에 되지 않는다. 이와 같이 수많은 디자인이 실패할 수 있다. 예를 들어 짜 넣기를 시작하는 데 필요한 많은 전자 폭파 장치들이 잘못 발사되거나 발사되지 않을 수 있다. 또한 핵분열성 물질의 초기 형태가 불완전할 수 있다. 또 폭탄을 만들려는 테러집단은 25킬로그램 이상의 무기 수준 우라늄이나 6킬로그램 이상의 플루토늄을 보유해야 한다.

테러집단이 이런 어마어마한 장애를 극복할 수 있다고 가정해도, 감지되지 않고 중간에 방해받지 않으면서 목표 장소로 무기를 배달할 수 있어야 한다. 우라늄의 방사능 신호가 상대적으로 약하기 때문에 총타입 폭탄이 감지를 피해갈 가능성이 가장 높다. 반대로 플루토늄은 방사능 신호가 더 강하기 때문에 플루토늄이나 플루토늄을 가진 폭탄이 감지기가 있는 곳을 지나가면 어렵지 않게 감지할 수 있다.

Q

핵 테러를 방지하기 위해 무엇을 할 수 있을까?

핵 테러를 막는 가장 중요한 행위는 핵무기와 무기로 사용 가능한 핵물질에 대한 가장 강한 안전조치를 적용하고, 무기 수량과 무기급 핵물질의 양을 최소로 줄이는 것이다. 위에서 논의한 바와 같이, 무기와 무기로 이용 가능한 물질의 비축량은 어마어마하다. 따라서 모든 나라들이 최고의 안전 관행을 개발하고 실행하는 데 협력하는 것이 절대적으로 중요하다. 또 다른 핵 테러 방지조치로는 각국이 국가 간 정보를 공유하고 법률시행에 더 많이 협력하는 것이다. 또한 핵폭탄을 건설할 수 있는 장소를 테러분자들에게 제공하지 않아야 한다. 방사능 탐지기를 배치하면 핵분열성 물질이나 핵무기의 운반을 보다 잘 탐지할 수 있을 것이다. 하지만 핵분열성 물질은 상용 방사선과 비교하여 상대적으로 약한 방사선 신호를 가지고, 분열성 물질 역시 장비를 둘러서 방사선 신호를 줄일 수 있기 때문에 탐지기는 핵 테러를 방지하는 완벽한 도구가 될 수 없다. 그럼에도 불구하고 레비(Michael Levi)가 『핵 테러에 대해』에서 지적하였듯이, 각각의 방지 시스템이 완전할 필요는 없다. 많은 방지층이 있을수록 테러분자들이 성공할 확률은 더 낮아진다. 정부는 방지비용과 핵 테러분자들의 성공적 공격의 위험성을 대조해 생각해 볼 필요가 있다. 그런 공격에 대한 피해는 경우에 따라 수조 달러로 치솟을 수 있다. 그와 달리 핵분열 물질을 줄이고 안전하게 하는 비용과 더 효과적인 탐지기 배치에 드는 비용은 일반적으로 수억 달러 이상은 들지 않을 것이다.

5장

안전

Q

원자력 안전이란?

'원자력 안전'이란 핵시설에서 사고를 방지하는 것과 사고가 발생할 경우 사람과 환경이 방사능 유출로부터 받는 피해를 감소시키는 것을 의미한다. 원자력 안전에는 많은 활동들이 포함된다. 지속적으로 운행자들을 훈련시키고, 모든 직원의 근무 습관에 안전문화가 주입되게 하고, 장비에 대한 예방관리를 철저히 하고, 여러 층의 안전 시스템을 설치하고, 현존 원자로에 이용 가능한 최고의 안전 시스템을 새로 장착하고, 더 높은 안전기준을 달성할 수 있도록 미래의 원자로를 디자인하는 것이다. 요약하자면, 효과적인 원자력 안전이란 인적 운영과 하드웨어의 실행을 통합한 것이다.

Q

안전문화란?

원자력 업계는 "어느 한 곳의 원자력 사고는 모든 곳의 원자력 사고이다."라는 격언을 굳게 믿고 있다. 모든 원자력발전소들의 시설은 같은 배에 타고 있는 셈이다. 발전소 운영회사는 지구 어느 곳이든 대형 사고가 일어날 경우 이 배가 가라앉아 버릴 것이라고 걱정한다. 원자력 업계에서 볼 때 최악의 경우는 사고 피해에 대한 우려 때문에 대중이 원자력에 대한 신뢰를 상실하고, 모든 새로운 발전소 발주를 취소하라고 압력을 넣고, 현존 원자력발전소를 폐기할 것을 목청 높여 요구하는 상황일 것이다. 다음에서 논의되는 바와 같이 쓰리마일 아일랜드와 체르노빌 원전 사고는 원자력산업을 완전히 파괴하지는 않았지만 원자력산업이 안전문화를 최우선으로 삼을 필요가 있다는 경종을 울렸다. 따라서 원자력 업계는 원자력의 미래를 위험에 빠뜨리지 않기 위하여 사고 위험을 최대한 낮출 방법을 모색해 왔다.

'안전 문화'는 위험한 상황이 전개되고 있다고 의심되는 경우 사고로부터 대중이 입는 피해 방지를 최우선으로 하는 문화를 말한다. 이런 문화는 발전소의 모든 상하 명령체계가 동일한 자세로 대처할 것을 요구한다. 아무리 낮은 지위에서 작업을 하더라도, 발전소의 모든 사람들은 발전소 안전에 중요한 역할을 한다. 만일 안전상 문제가 있다고 믿을 만한 이유가 있다면 그 사람은 처벌에 대한 두려움 없이 당국에 알릴 수 있어야 한다. 이런 무징계 무과실 규정은 발전소의 모든 근무자들에게 한 팀이라는 정신을 주입시키는 데 도움을 준다. 또 다른 안전문화의 중요한 면은 발전소 운영자들이 의도적으로 발전소의 설계 한계 수준까지 또는 한계 수준 이상으로 발전소를 가동하지 않아야 한다는 점이다. 나중에 논의하겠지만 이것이 체르노빌 사고로부터 얻은 주요 교훈이다.

Q

심층 방어 안전이란?

'심층 방어(Defense-in-depth)'는 어떤 안전조치가 작동하지 않을 때 사고를 방지하기 위해 또는 최소한 그 결과를 완화하기 위해 다른 안전조치를 이용할 수 있는 다층 시스템을 말한다. 일반적으로 상용 핵원자로에는 4~5겹의 보호층이 있다.

첫 번째 층은 연료 자체이다. 핵연료는 파손되지 않도록 튼튼하게 설계되어 있다. 예를 들어 대부분의 상용 연료는 우라늄산화물로 만들어지는데, 이 물질은 고방사능 핵분열 생성물 누출에 대한 저항성이 강하다.

두 번째 층은 보통 우라늄이나 플루토늄 연료를 감싸고 있는 외장재이다. 이 외장재는 분열 생성물의 누출을 방지하기 위하여 주로 지르코늄이나 다른 합금으로 만들어진다.

세 번째 층은 원자로 압력 용기인데, 이것은 일반적으로 균열이나 취화가 잘 생기지 않는 두꺼운 강철 층으로 만들어진다. '취화'란 오랜 기간 고에너지 중성자의 포격으로 인해 용기의 연성이 저하되는 것을 말한다. 하나뿐인 원자로 용기에 취화 현상이 발생할 경우 원자력발전소의 수명이 단축되는 경향이 있기 때문에 원자로 압력 용기를 취화 발생 없이 온전한 상태로 유지시키는 것이 중요하다. 이에 많은 과학자들과 공학자들이 원자로 용기의 수명을 늘릴 방법을 연구 중이다. 연성이 저하된 부분을 복구하기 위해 열이나 열성에너지를 이용하는

'열처리' 방법이 있다. 현재 미국 원자로들의 수명은 상대적으로 긴 편이지만, 원자로 용기의 수명을 80년까지 연장할 수 있는지에 대한 관심이 상당하다. 현재 대부분 원자로는 60년까지 수명 연장을 받도록 계획되어 있다.

네 번째 층은 두꺼운 강화 콘크리트로 만들어진 격납구조물(containment building)이다. 이 격납구조물은 방사능 가스가 주변으로 세어나오는 것을 방지하기 위해 밀폐되어 있다. 일부 신설 원자력발전소가 갖추고 있는 또 다른 보호 층은 이중 격납구조물이다. 이 밖에 언급할 만한 것으로는 원자로가 녹아내리는 것을 막기 위한 응급 노심냉각 시스템이 있다.

Q

주요 원전 사고 유형은?

대형 원전 사고에는 냉각수 손실이나 임계사고가 있다. 냉각수 손실 사고(LOCA, loss-of-coolant accident)는 원자로 노심이 상당한 양의 냉각수를 잃거나 공급 중단을 겪는 것을 의미한다. 냉각수 손실이 빠르게 회복되지 않으면 원자로 노심이 과열될 수 있고, 이 경우 원자로가 부분적으로 또는 완전히 녹을 수 있다. 핵분열 반응이 고방사성 분열 생산물을 만든다는 점을 생각해 보라. 이 물질들은 방사성 분열 중에 어마어마한 양의 열을 방출한다. 원자로가 어떻게 운영되었느냐에 따라 이 붕괴열은 수 시간에서 며칠 동안 매우 높은 수준으로 남아 있을 수 있다. 다시 말해 냉각수 부족으로 인한 과열이 핵연료 용융 또는 파열을 유발할 수 있으며, 이때 고방사성 물질이 방출된다. 그리고 다른 안전 보호 층이 효과적으로 작동하지 않을 경우, 분열 생성물이 주변으로 방출될 수 있다. 쓰리마일 아일랜드 사건이 여기에 해당된다.

임계사고는 연쇄반응이 통제 불능 상태가 되는 것을 의미한다. 이것은 원자로 노심 안의 일부 연료에서 일어날 수 있다. 거의 모든 현대 원자로들은 연쇄반응이 불안정하게 되면 반응을 줄이는 피드백 방식으로 이러한 유형의 사고를 미연에 방지할 수 있게 설계되어 있다. 예외적인 경우가 체르노빌 유형 원자로인데, 이런 원자로는 러시아어로 '강력 연쇄반응 원자로'를 의미하는 약자 'RBMK'로 불린다. 이런 원자로는 비정상적인 상황에서 반응이 통제할 수 없을 정도로 증가하는 설계상 결함이 있다. 많은 국가의 도움으로 몇몇 결점들이 해결되었지만, 많은 서방 전문가들은 체르노빌 유형 원자로의 안전 관련 위험이 여전히 우려할 만큼 높은 수준이라고 믿고 있다. 많은 서방 정부들은 러시아에 남아 있는 11개의 체르노빌 유형 원자로를 폐쇄하라고 요청한 바 있다. 리투아니아는 유럽연합에 가입하는 조건으로 체르노빌 유형 원자로 2개를 폐쇄하였다. 그러나 리투아니아의 안전 전문가들은 여전히 자신들의 원자로는 대규모 안전문제를 일으킨 적이 없고 최신식이기 때문에 체르노빌 유형 디자인 중 가장 안전하다고 주장한다.

Q

원자력 안전은 어떻게 측정되는가?

발전소 설계자와 안전 전문가들은 사고 발생 가능성을 분석하기 위하여 확률적 위험도 평가(PRA, probabilistic risk assessment)를 이용한다. 확률적 위험도 평가는 사고에 이를 수 있는 모든 일련의 사건에 대해 각 사건의 발생 가능성을 측정하는 것이다. 예를 들어 냉각수 손실 사고는 원자로 노심까지 물을 운반하는 주요 냉각수 파이프가 깨지거나 원자로 압력 용기 머리 부분이 부식되어 파열이 일어나거나 또는 압력 안전판 용착이 열려서 냉각수가 흐르거나 증기 생성기에 물을 공급하는 펌프가 깨져서 증기 생성기에서 배수 현상이 일어나는 등 다양한 파이프 파열이나 장치 고장으로 인해 발생할 수 있다. 이 모든 시나리오와 다른 냉각수 손실 시나리오에 대한 확률적 위험도를 측정해서 그 결과를 배열하는데, 이러한 결함 트리는 각 사고 시나리오에 있어서 관련된 단계들을 보여 준다. 그리고 이러한 단계들이 서로 독립적이라고 가정하고, 단계들의 개별 확률을 곱해서 각 사고 시나리오의 확률을 측정한다. 각 단계의 확률이 상호 연관되어 있는 경우에 더 복잡해지지만 확률을 계산할 수는 있다. 확률 사이의 이런 상호의존성은 일부 장치, 예를 들어 주요 펌프나 밸브가 다양한 사고 경로에 영향을 미치기 때문에 일어난다.

확률적 위험도 평가는 쉽지 않으며 이에 대한 논쟁이 있다는 점을 알아두자. 문제를 복잡하게 하는 주요 요인 중 하나는 사고에 대한 데이터베이스가 너무 작아서 현실에서 실제로 발생했던 값을 이 확률에 적용할 수 없다는 것이다. 물론 이렇게 사고가 많지 않은 것은 다행한 일이다. 하지만 많은 교통사고 관련 데이터베이스와 달리, 원전 사고에 대한 데이터베이스는 주로 컴퓨터 시뮬레이션과 어느 정도 지식을 가지고 하는 추정에 의존한다. 하지만 결함 트리 분석이 적어도 다양한 시나리오의 가능성을 상대적으로 평가할 수 있다는 점에서 매우 유용할 수 있다. 이 분석을 통해 발전소 직원들은 발전소의 안전 취약 부분을 알 수 있고 수정강화 조치를 취할 수 있다. 또한 이러한 위험평가는 설계 선택 시 서로 다른 발전소 설계를 비교할 수 있고, 최소한 여러 설계의 안전 순위를 보여 줄 수 있다는 점에서 필요하다.

Q

오늘날의 원자력발전소는 얼마나 안전한가?

발전소 안전 수준은 발전소 설계, 장치관리, 운전자들의 훈련, 발전소 경영진과 직원들의 안전문화에 대한 헌신 정도에 따라 다르다. 안전 관련 우려가 가장 큰 원자로는 여전히 러시아에서 운전되고 있는 11개의 체르노빌 유형 원자로이다. 유럽연합은 이 원자로 유형과 소련 시절에 설계한 다른 원자로들의 안전에 대한 우려를 제기하였고, 불가리아, 리투아니아, 슬로바키아 같은 국가들이 유럽연합에 진입하거나 남아 있는 조건으로 몇 개의 원자로를 폐쇄하도록 요구하기도 하였다.

일반적으로는 다층안전 시스템을 갖춘 원자로가 하드웨어 관점에서 볼 때 가장 안전하다.

오늘날 원자력발전소의 안전 기록을 수치화하려면 상용 발전소에서 발생한 주요 원전 사고 횟수와 원전 가동시간을 비교해 보는 것이 필요하다. 지금까지 3개의 대형 사고가 있었는데, 1979년 쓰리마일 아일랜드, 1986년 체르노빌, 2011년 후쿠시마 다이치가 그것이다. 다른 중요한 원전 사고도 있었지만 가동 중인 상용 원자력발전소에서는 일어나지 않았다. 전 세계적으로 원자로가 가동된 시간을 축척하면, 약 14,000원자로-가동년(reactor-years)이다. 이에 미국 원자력관리위원회는 심각한 원자로 노심 손상 가능성을 원자로 가동 10,000년당 한 번 미만으로 낮추는 것을 추구하고 있다. 이것은 10,000개의 원자로가 가동되고 있으면, 그중 하나가 1년 내에 주요 사고가 있을 가능성을 의미한다. 약 100개의 미국 원자로에 대해 따져 본다면, 100개의 원자로 곱하기 100년은 10,000원자로-가동년이기 때문에, 이 가능성은 매 100년에 한 번꼴로 주요 원자로 노심 사고가 일어나는 것에 해당한다. 미국의 원자력발전소들은 이러한 사고 확률을 10만 가동년 당 한 번으로 훨씬 더 낮추려고 노력하고 있다. 현재 가장 잘 운용되고 있는 발전소는 100만 가동년에 원자로 노심 손상이 한 번 일어날 가능성을 가진다.

쓰리마일 아일랜드 사고 이후 안전이 강화되었음에도 불구하고, 미국의 원자력 안전은 완벽하지 않았다. 예를 들어 2002년 5월 조사단은 오하이오에 있는 데이비스 베세(Davis Besse)의 원자로 압력 용기 머리 부분이 붕산으로 거의 뚫릴 위험에 놓인 것을 발견하였다. 이 발전소는 약 6억 달러의 소요비용을 투입하고 2년 후 재가동할 준비를 하였다. 2006년 1월 데이비스 베세 발전소 소유주는 몇 개의 안전 위반 사항이 있음을 인정하였는데, 이 중 많은 부분이 원자로 압력 용기 헤드 관련 문제였다. 또한 1977년 이후 이 발전소는 급수 밸브 결함, 꽉 끼어서 열려져 있는 압력 밸브, 작동되지 않는 급수 펌프, 토네이도 등 다른 문제들을 겪었다. 후자의 경우, 발전소의 응급 디젤 발전기가 안정된 외부 전원을 이용할 수 있을 때까지 전기를 공급할 수 있었다. 이 예비 디젤 발전기는 안전 심층 방어의 중요성을 보여 준다. 데이비스 베세는 안전수칙을 위반한 유일한 발전소는 아니지만, 최악의 기록을 가진 발전소 중 하나이다.

Q

원자력발전소의 설계는 다양한 것이 좋을까, 단일한 것이 좋을까?

미국과 프랑스의 원자력 철학을 반영한 토론에서 미국은 한 종류의 치즈와 백 가지 종류의 원자로를 가진 반면, 프랑스에는 100종류의 치즈와 한 종류의 원자로가 있다는 풍자를 자주 들을 수 있다. 미국 사람들이 자국에 좋은 품질의 치즈가 없다는 것을 안타까워하는 것은 당연하지만, 원자로 설계의 실상은 그렇게 간단하지도, 차이가 극명하지도 않다. 다양한 설계와 단일 또는 소수의 설계를 갖는 것 중 어느 것이 좋다고 말하기도 어렵다. 요리문화처럼, 원자공학도 두 나라 사이에서 상호교류하면서 각 나라의 역사적 차이에 따라 다르게 진화하였다.

미국 원자력산업은 프랑스 원자력산업보다 최소 10년 앞서 시작하였고, 프랑스는 미국 기술로부터 자국의 상용 원자로를 만들어 냈다. 1950년대 미국은 가압 경수냉각원자로와 비등수형 경수로라는 두 개의 전혀 다른 경수로 디자인을 개발하고 있었다. 이 디자인을 선택한 이유는 미국이 비슷한 유형의 원자로를 추구하던 핵 해군에 투자했기 때문이다. 하지만 당시는 핵 개발 초기였기 때문에 시간이 지나면서 규정이 변경되고 발전소 생산력이 진화하였고, 이 두 기본 디자인의 다양한 변종들이 개발되었다. 때로 같은 발전소에 있는 동일한 기본 유형의 원자로 두 개가 서로 다른 시기에 건설되면서 새로운 건설 관행과 규정에 영향을 받아 설계가 서로 달라지기도 하였다. 보통 이러한 변화는 표준화된 설계를 이용하지 않기 때문에 건설비용 인상과 발전소 운전자들의 훈련비용 상승의 원인이 되었다.

프랑스인들은 표준화가 비용을 낮출 수 있다는 교훈을 배웠다. 3개의 주요 설계만 갖는 것은 예방조치와 훈련비용을 줄이는 데 도움이 되었다. 하지만 설계 결함이 있으면 수십 개의 동일 설계의 발전소 가동을 멈추고 결함을 고쳐야 하는 결과를 낳을 수도 있다. 프랑스는 전기의 약 80%를 원자력으로 얻기 때문에 만일 이런 일이 일어난다면 전기 공급의 상당 부분이 장기간 폐쇄될 수 있다. 「뉴클로닉스 위크(Nucleonics Week)」라는 잡지에 따르면, 특정한 결함이 동시에 많은 프랑스 원자로에 영향을 미친 적이 있다. 특히 1990년대 초에 원자로 압력 용기 헤드에 균열이 발생하는 문제가 있었는데, 프랑스 안전관리국은 이 문제가 광범위하게 퍼져 있는지 확인하기 위해 많은 수의 원자로를 검사해야 하였다. 1998년과 1999년에 발생한 용기 구조의 건전성에 대한 우려는 1,300MWe 급 몇몇 원자로에 영향을 미쳤다. 또한 2001년 1,300MWe 설계에 발생한 핵연료 문제점으로 인해 발전 용량이 1% 감소하기도 하였다.

Q

중국 증후군이란?

1979년 개봉한 "중국 증후군"이란 영화는 최악의 원전 사고를 묘사하고 있다. 현실에서 일어날 수 있는 가장 무서운 시나리오는 원자로의 냉각수가 손실되고 응급 노심냉각시스템이 고장 나면서 연료가 녹는 것이다. 상상 가능한 최악의 경우는, 원자로 용기가 녹은 연료를 담지 못해 발전소 주변으로 녹은 연료가 누출되는 것이다. 이 영화에서는 미국의 한 원자력발전소에서 일어난 원자로 노심의 용융이 너무 심각해서 매우 뜨거운 방사성 물질이 지구를 관통하여 반대편인 중국을 오염시킨다. 아이러니하게도 이 영화는 쓰리마일 아일랜드 사고가 나기 바로 2주 전인 1979년 3월 16일에 최초로 상영되었다. 브리지스(James Bridges)가 감독하고 게리(Mike Gray)와 쿡(T. S. Cook)이 극본을 쓴 이 영화에는 제인 폰다(Jane Fonda), 마이클 더글라스(Michael Douglas), 잭

레몬(Jack Lemmon) 등 초호화 출연진이 나온다. 이 영화의 핵심 대목은 "몇 사람만이 중국 증후군이 의미하는 바를 알고 있으며. 조만간 당신도 알게 될 것이다."라는 것이다. 강력한 기사를 쓰고 싶어 하는 젊은 TV 리포터 킴벌리 웰즈는 벤타나(Ventana) 원자력발전소에 대한 이야기를 보도하던 중 발전소가 흔들리는 떨림을 느낀다. 이에 웰즈는 은밀하게 그 일을 찍는다. 관리당국은 재빨리 발전소는 문제가 없고 안전하다고 발표를 하지만 웰즈는 은폐를 의심한다. 사고 당시 교대근무 감독자 역을 맡은 젝 레몬 역시 발전소가 상당한 피해를 입었을 것으로 믿는다. 이 영화는 극적인 교착상태에서 끝이 난다.

Q

쓰리마일 아일랜드 사고는 어떻게 일어났으며 어떤 결과를 낳았는가?

1979년 3월 29일 이른 아침, 쓰리마일 아일랜드 원자력발전소의 원자로 2호기의 증기발생기로의 급수가 중단되었다. 원자로 노심이 과열되어 용융되지 않도록 하기 위해서는 지속적인 급수가 필요한데, 이날 아침 증기 응축 냉각기로부터 연삭기로 급수를 움직이는 응축수 펌프가 닫히면서 흐름이 중단된 것이다. 아마도 밸브가 닫혀 연삭기를 통과하는 물의 흐름이 줄어들자 응축수 펌프가 작동하지 않았던 것으로 보인다. 급수가 중단된 지 2분 내에 증기발생기가 끓어오르며 말랐다.

열 흡수원이 없어지자 열과 압력이 높아지기 시작하였다. 일차수는 초고열인 원자로 노심으로부터 열을 가져가는데, 압력이 증가하자 압력을 줄이기 위하여 그 부분의 압력 완화 밸브가 열렸다. 그리고 일단 압력이 일정 수준으로 줄어들면 밸브가 닫혀야 하는데 계속 기본 장치로부터 물을 빼냈다. 이 문제를 더 심각하게 만든 것은, 표시등에는 밸브가 닫혔다고 되어 있었기 때문이다. 그래서 원자로 운전자들은 철썩같이 밸브가 닫혔다고 생각하였다. 운전자들이 올바른 정보를 갖지 못하였던 것이다. 사고가 시작되고 약 45분 후인 오전 4시 45분경에 감독관들이 도착하였다. 그리고 오전 6시 22분에 압력 완화 밸브를 닫았지만 응급상황은 끝나지 않았다. 결국 오전 7시에 주변 지역에 비상사태가 선포되었다.

매우 작은 양의 방사능이 유출되었으나, 더 많은 방사능 유출이 있을 수 있다는 우려를 낳았다. 정부는 발전소 가까이에 사는 임신부와 취학 전 아동들의 대피를 권고하였다. 3월 31일에 가장 큰 우려가 표면으로 떠올랐는데, 압력 용기 안에서의 수소폭발 가능성이었다. 증기가 고온에서 지르칼로이 연료 외장재와 반응하면 수소가 만들어지는데, 충분히 많은 양의 수소가 산소와 반응하면 폭발이 일어난다. 한편 산소는 방사선에 의해 물이 분해되면서 발생한다. 하지만 충분한 산소 축적이 없었기 때문에 폭발 가능성은 없었다. 핵관리위원회 전문가들은 수중의 수소가 충분히 많아서 산소와 수소의 수중 반응 제어가 가능하여 폭발에 이르지 않을 수 있었다는 것을 보여 주었다.

이 사건의 직접적 결과는 대부분 원자로 가동 중단에 따른 경제적인 것이었다. 게다가 일부 용융된 원자로 노심의 처리 비용도 상당하였다. 장기적으로 보면 쓰리마일 아일랜드 사고는 점점 나빠져 가던 미국의 원자력 관련 프로젝트의 사업성을 더 악화시켰다. 많은 사람들이 이 사고가 원전산업이 사양길로 접어들게 된 기본 이유였다고 믿지만, 사실 이런 전환점은 여러 이유로 이보다 이전부터 시작되었다.

첫째, 미국이 1973년 중동 석유 통상금지에 따라 에너지 효율성을 높였고, 1970년대 내내 경기침체를 겪으면서 전력수요가 증가할 것이라는 예상이 빗나갔다. 둘째, 규제환경이 변하면서 원전 프로젝트 비용이 상승하였다. 셋째, 발전소 건설에 오랜 기간이 소요되면서 발전소에 대한 관심을 둔화시켰다. 확실한 것은 직접적으로 사고로 인한 사망은 없었다는 것이다. 원자로 주변의 격납구조물이 견고해서 대량의 방사능 물질이 외부로 유출되는 것을 막았기 때문이다.

Q
체르노빌 사고는 어떻게 일어났으며 어떤 결과를 낳았는가?

1986년 4월 26일 이른 아침, 세계 역사상 최악의 원전 사고가 발생하기 시작하였다. 당시 우크라이나의 체르노빌 원자력발전소에서는 4개의 원자로가 가동되고 있었다. 이 중 원자로 4호는 시험가동 중이어서 비정상적인 상태에 있었다. 가동 전날 밤부터 운전자들이 원자로의 안전기능을 점검하였다. 이들은 낮은 출력 단계에서 시작하여 더 낮은 출력 단계로 동작하는 발전기가 냉각수 펌프를 가동할 만큼 충분한 전기를 생산하는지 파악하고자 하였다. 원자로는 일반적으로 외부 전기와 응급 디젤발전기로부터 예비 전력을 공급받는데, 시험가동 시에 외부 전력에 의존하지 않고 디젤발전기 시동이 몇 초 간 지체되는 것을 감당할 수 있는지를 확인하려고 한 것이다. 지체 시간 동안 감축 모드의 발전기가 안전을 유지할 만큼 충분한 전력을 제공할 수 있어야 한다. 하지만 시험가동 자체가 지체되었다. 운전자들이 발전기를 더 낮은 출력 수준으로 낮추기까지는 몇 시간이 흘렀다. 그러는 동안 제논이 원자로 안에 쌓였다. 핵분열 생성물인 제논은 중성자를 흡수하여 연쇄반응을 계속 통제하기 어렵게 만든다는 점에서 반응을 죽이는 '독약'처럼 행동한다. 제논 증가를 상쇄하기 위해, 운전자들은 원자로 제어봉을 운전 안내지침을 위반하는 수준으로 높였다. 제어봉은 중성자를 흡수하는 물질로 만들어져 있다. 따라서 제어봉이 올라가면서 원자로의 반응을 증가시키는 중성자는 더 많아지고 발전소가 안전하게 가동되는 능력은 줄어든다. 이 지점에서 시험가동을 멈췄어야 하였는데, 체르노빌 원자로 운전자들은 그렇게 하지 못하였다. 물 흐름과 원자로 반응이 더 줄어들자 추가로 몇몇 제어봉들이 자동적으로 올라갔고, 이 때문에 발전소는 더 위험한 상황이 되었다.

제어봉이 위험한 위치에 있는 상태에서 운전자들은 터빈으로 가는 증기압력을 줄였다. 이 단계가 원자로 노심으로 가는 물의 흐름을 감소시켰고 노심 내부에서 증기를 발생시켰다. 설계상 결함으로 인해,

이런 증기 형성은 반응을 급증시키는 도화선이 되었다. 이 설계상의 결함은 '양성기포계수'라고 알려져 있다. 액체 물이 기포로 대체되면서 진공 또는 낮은 압력의 공간이 생기면 반응을 촉발시키는 중성자들의 속도가 물속에서만큼 빠르게 감소하지 않는다. 일반적으로는 빠른 중성자가 느린 중성자보다 핵분열을 일으킬 가능성이 더 낮아 반응이 줄어들게 된다. 그러나 체르노빌 유형 원자로들은 흑연이 중성자의 주요 감속재이고 물은 주로 냉각재로 이용하도록 설계되었다. 또한 물은 중성자의 일부를 포획하는 특성이 있다. 따라서 증기 기포가 형성되었을 때, 원자로에는 중성자를 포획하는 물이 부족해서 핵분열을 하는 중성자가 더 많아졌다. 이 중성자들은 흑연에 의해 감속된다. 따라서 반응이 급증하였다. 그래도 이것만으로 대재앙이 초래된 것은 아니다. 이 급증을 막기 위해 운전자들이 제어봉을 삽입하였는데, 높은 위치로부터 제어봉이 삽입되자 제어봉의 설계 결함 때문에 반응이 엄청나게 큰 폭으로 증가하였다. 제어봉의 끝은 흑연으로 만들어져 있는데, 노심에 삽입되었을 때 흑연이 많은 중성자의 속도를 감소시켰고 이로 인하여 반응이 크게 높아진 것이다.

1분도 채 되지 않아, 두 번의 대규모 폭발이 일어났다. 첫 번째 폭발은 증기 폭발로, 원자로 연료가 공기 중으로 노출되었다. 두 번째 폭발은 인화성 물질인 수소 가스가 누출되면서 산소와 결합하여 폭발을 일으켰다. 이 폭발로 인해 원자로 빌딩의 윗부분이 날라갔고, 불타는 잔해들이 남은 원자로 지붕에 불을 붙였다. 영웅적인 소방관들이 화재를 진화하여 다른 원자로로 화재가 번지는 것을 막았으나, 31명의 소방관과 응급대원들이 많은 양의 방사선에 피폭되어 목숨을 잃었다.

또한 많은 아이들이 방사성 아이오딘에 노출되는 것을 막아 주는 아이오딘화칼슘 알약을 받지 못하였기 때문에, 일반적으로 방사선에 노출된 인구에서 예상되는 발생 건수보다 더 많은 약 1,800건의 갑상선암이 발생하였다. 이런 암들은 예방할 수 있었지만 너무 늦기 전에 사람들에게 알려야 하는데 알리지 않은 소련의 비밀주의 때문에 피해가 더 커졌다.

대규모 방사능 오염은 원자로 부지와 가까운 주변 지역에서 일어났다. 원자로에서 30킬로미터 내에 거주하던 약 135,000명이 대피하였다. 가장 많이 오염된 지역은 출입금지구역으로 선포되었다. 우크라이나와 벨라루스는 오염으로 큰 타격을 받았고, 많은 다른 유럽 국가에서도 상당량의 방사능 낙진이 검출되었다. 사고로 인한 전체 비용은 수천억 달러 이상이다.

그 당시 소련 지도자였던 고르바초프(Mikhail Gorbachev)는 후에 체르노빌 원전 사고가 소련의 정치시스템에 널리 퍼진 강압적 비밀을 깨뜨려 열린사회를 만들려는 자신의 노력을 도와준 전환점이었다고 말하였다. 이런 개방은 원전 사고 이후 수년 내에 발생한 소련의 붕괴를 가속화시키는 데 도움이 되었다. 따라서 어떤 의미에서는 이 사고의 중요한 간접적 결과는 소련 연방의 붕괴라고도 할 수 있다. 이 사고 이후 오스트리아는 유일하게 원자력 사용을 완전히 불법화하였고, 독일, 스웨덴 같은 유럽 나라들은 원자력 사용을 줄이게 되었다. 아이러니하게도 오늘날 오스트리아는 동유럽과 중앙유럽의 원자력 발전 국가들로 형성된 국제 전력망으로부터 전력 일부를 공급받고 있다. 하지만 오스트리아 정치가들은 국민 대부분이 원자력에 반대하고 있어 이런 사실을 감히 시인하지 못하고 있다. 오스트리아 일부, 특히 원전에 매우 배타적인 지역의 전력 시설 목록에는 원자력으로 생성된 전력량이 거의 0으로 표시된다.

그렇다면 방사능 오염이 원자력 건물 내부로 한정될 수 있었을까? 당시 폭발은 특히 강력하였고 튼튼한 격납구조물조차 파열시킬 수 있었다. 하지만 불행하게도 또 다른 설계상 결함이 있었는데, 거의 모든 서구의 발전소와 다르게, 체르노빌 원자력발전소에는 격납구조물이 없었다. 앞에서 언급한 바와 같이 격납구조물은 방사성 물질이 외부로 방출되는 것을 막는 가장 최후의 방어선이다. 이 외에도 체르노빌 발전소는 평균 이하의 운전, 훈련, 응급절차뿐 아니라 불충분한 화재보호 시스템을 가지고 있었다. 더 나아가 주요 안전 변수들을 모니터할 시스템도 불충분하였다. 국제핵안전권고그룹의 평가에 의하면, 가장 심각한 결함은 '체르노빌 발전소에서뿐 아니라 소련의 설계, 운영, 관리 기관 전역에 퍼져 있는 안전문화의 부재'라고 하였다.

2000년 12월, 체르노빌 지역에서 가동되던 마지막 원자로가 폐쇄되었다. 우크라이나는 주요 선진국인 캐나다, 프랑스, 독일, 일본, 이탈리아, 영국, 미국의 7개국 그룹(G-7)과 맺은 양해각서 조건에 따라 원자로를 폐쇄하는 것에 동의하였다. G-7은 이 조약 하에 체르노빌의 위험을 완화시키는 데 도움을 제공하는 한편, 효율적 에너지 프로젝트 수행을 위한 재정적 지원을 하고, 체르노빌 사고로 인한 사회적 경제적 문제 해결에 도움을 주었다. 또한 훨씬 더 안전한 설계 방식으로 원자로를 교체하고, 사고 후에 손상된 원자로 주변에 '석관'을 세우고 불안전한 방공호를 강화하도록 재정적 지원을 제공하였다.

Q

체르노빌 사고 후 소련이 설계한 원자로는 어떻게 되었는가?

체르노빌 원전 사고로 국제사회는 큰 충격을 받아 소련이 설계한 원자로의 안전 개선을 위한 지원을 하였다. 1992년 리스본에서 개최된 선진 7개국 회담은 소련이 설계한 원자로의 안전에 초점을 맞춘 최초의 고위급 국제회의였다. 회의 결과 원자로의 안전을 개선하기 위한 원자력안전계좌(Nuclear Safety Account)가 설립되었다. 유럽재건개발은행(European Bank for Reconstruction and Development)은 자금의 많은 부분을 안전 강화에 쓸 수 있도록 하는 금융 체계를 제공하였다. 또한 선진 7개국과 여러 나라들은 소련 시절 원자로를 가지고 있는 나라들과의 상호협정을 통해 수억 달러를 지원하였다.

이와 같이 체르노빌 유형 원자로와 소련이 설계한 다른 원자로의 안전을 개선하기 위해 다양한 원조가 이루어졌다. 비록 이 원자로들의 안전상 결함에 관심이 쏠렸지만, 이런 유형의 원자로들은 서방이 설계한 원자로가 갖지 못한 강점을 가지고 있다. 예를 들어 VVER-440 원자로는 체르노빌 유형과 상당히 설계가 다른데, 6개의 기본 냉각수 루프를 가지고 있어서 원자로를 저온으로 유지하는 데 이용할 수 있는 물의 양이 더 많다. VVER 원자로는 발전소를 계속 가동시키면서도 하나 이상의 루프를 쓰지 않게 할 수 있는 분리된 밸브가 있다. 이런 기능을 사용하는 유럽 발전소는 몇 개뿐이다. 서구 디자인에서는 증기 발생기가 수직으로 장치되어 있는데, 이런 원자로에는 수평으로 장치되어 있다. 이런 구조가 열 전달이 훨씬 잘 된다.

VVER-440 시리즈(특히 초기 모델인 230원자로)의 안전성 문제로는 격납 구조물 부재, 서구 기준을 충족하지 못하는 응급 노심냉각시스템, 원자로 압력 용기가 부서질 위험, 서구 기준에 못 미치는 발전소 계측장비와 제어시스템, 불충분한 화재방지시스템 등이 있다. 이러한 안전 문제는 1990년대 내내 그리고 2000년대까지도 유럽 사회에 우려를 불러일으켰고, 특히 과거의 바르샤바협정국들이 유럽연합에 가입하려고 하면서 우려는 더욱 커졌다. 유럽연합은 특정 원자로의 폐쇄나 주요 안전사항의 개선을 가입조건으로 제시하였다. 그리고 유럽연합과 미국 전문가들이 안전을 지원함으로써 많은 소련 디자인 원자로의 안전 수준을 극적으로 향상시켰다. 하지만 이 중 두 디자인은 받아들일 수 없는 것으로 간주되었는데, 체르노빌 유형과 VVER-440 시리즈 모델 230이 바로 그것이다.

리투아니아에서는 두 개의 체르노빌 유형 원자로가 가동 중이었다. 리투아니아 정부는 유럽연합 가입 조건으로 이 원자로를 폐쇄하는 데 동의하였고, 2009년 12월에 폐쇄되었다. 최근 유럽연합에 가입한 나라 중에는 불가리아와 슬로바키아가 VVER-440 시리즈 모델 230 원자로를 가지고 있던 유일한 나라이다. 불가리아는 2002년 12월에 코즐로두이(Kozloduy) 1, 2호를 폐쇄하였다. 이후 3, 4호기에 많은 안전강화 조치를 하였지만 2006년 12월에 어쩔 수 없이 이 원자로들을 폐쇄하고 2007년에 유럽연합에 가입하였다. 하지만 유럽연합 가입 시의 조항에 따르면 국가적 에너지 위기 해결에 필요하다면 이 두 원자로를 다시 가동할 수 있다. 불가리아와 마찬가지로 슬로바키아도 외부 지원으로 자국의 230 원자로를 많이 개선시켰지만 어쩔 수 없이 폐쇄 절차를 밟았다. 보후나이스(Bohunice)의 1호기는 2006년 12월에, 2호기는 2008년에 폐쇄되었다. 첫 폐쇄가 있던 시기의 수상은 이 조치를 '에너지 반역'으로 부르며 잘못된 결정을 내렸다고 이전 정부를 비난하였다.

소련에서 설계한 VVER-1000 원자로는 서구의 가압 경수로와 유사하지만 주로 발전소 계측장비와 제어, 화재보호, 운전절차에 있어서의 결함 때문에 서구 기준을 완전히 충족시키지 못하였다. 하지만 이 시리즈는 격납 구조물이 있고 이전 발전기 VVER-440가 가진 강력한 파워를 가지고 있었다. 최근에 러시아는 VVER-1000을 자국에 건설하고 수출도 하고 있다. 러시아 기술자들은 상대국 당사자들과 협력하여 이 디자인의 안전성을 크게 향상시켰다.

Q

원자력업계는 어떻게 자기감시 활동기관을 만들었는가?

쓰리마일 아일랜드 사고 직후인 1979년 12월에 미국 원자력발전소 소유기업들은 원자력운영기구(INPO, Nuclear Power Operations)를 설립하였다. 조지아 주 애틀란타(Atlanta)에 본사가 있는 원자력운영기구의 설립 목적은 발전소 운영에 있어 안전을 최우선으로 설정하는 것이다. 이 기구의 아이디어는 대부분 미국 핵 해군으로부터 왔다. 핵 해군은 해군 원자력발전소를 운영 유지하는 데 관련된 모든 사람들에게 안전이 가장 중요한 책임임을 주입시킨다. 원자력운영기구는 많은 상용 원자력발전소에 대한 평가를 실시하며, 객관적 기준에 기반하여 발전소의 안전관리에 순위를 매긴다. 목적은 발전소 운영자들의 업무 능력을 향상시키려는 것이다. 원자력운영기구는 가장 초급 운전자부터 최고경영자까지 모든 발전소 인력을 평가한다. 관리감독 없이 업계가 스스로를 사찰하는 것은 쉽지 않은 일이지만, 원자력운영기구는 이런 역할을 성공리에 수행하고 있다.

원자력발전소가 있는 모든 나라들이 강력한 관리기구를 설립하는 것이 중요하다. 하지만 원자력운영기구는 전 세계 발전소 소유기업들이 안전을 최고 수준으로 유지하는 데 좀 더 적극적인 역할을 하게 하는 전례를 세웠다. 체르노빌 같은 또 다른 대형 사고를 예방하기 위하여 발전소 소유기업들이 세계원자력운용자협회(WANO, World Association of Nuclear Operators)를 설립한 것이다. 원자력운영기구를 따라, 세계원자력운용자협회도 전 세계 원자력발전소들이 안전과 운영에 있어서 높은 기준을 충족시킬 것을 요구한다. 협회는 약 30개국의 거의 모든 상용 원자력발전소에 대해 수백 번의 사찰을 실시하였다.

Q

대형 원자력 사고가 다시 발생할 경우 원자력산업은 어떻게 될까?

원자력업계 경영자들은 일반적으로 대형 사고에 대해 무관용 정책을 쓴다. 그들은 쓰리마일 아일랜드나 체르노빌 정도의 사고가 다시 발생한다면 더 이상 생존할 수 없을 것이라고 믿는다. 후쿠시마 다이치 사고 후 전개되어 가는 양상을 보면 이 신념이 맞는지 알 수 있을 것이다. 원자력 사고와 항공기 사고를 비유하는 것은 흥미롭다. 사람들은 가끔 비행기 사고가 일어나서 수백 명의 사람들이 사망할 수도 있다는 것은 받아들이는 것처럼 보인다. 여전히 수백만 명의 사람들이 비행기로 여행하고 매일 수만 번의 비행이 있는 것을 보면 알 수 있다. 그렇다면 왜 많은 사람들이 대형 원전 사고는 용인할 수 없다고 느끼는 것일까? 다량의 방사능—심각한 건강상 문제를 일으킬 수 있는—에 대한 두려움이 그 이유 중 하나이다. 또한 방사능 오염으로 넓은 토지가 오염되면 수십 년 동안 사람이 살 수 없게 될지도 모른다는 우려 때문이다. 아마도 비행기 여행과 원자력 발전과의 가장 큰 차이점은, 사람들이 먼 곳으로 빠르게 이동하기 위해서는 비행기만한 대안을 찾기가 매우 어렵지만 전력 생산의 경우 다양한 대안이 존재한다는 것이다.

차, 비행기, 원전 사고의 위험을 어떻게 인식하는지 비교하는 것 역시 유용하다. 차 사고는 비행기 사고보다 훨씬 자주 일어난다. 하지만 사람들은 차를 운전할 때 통제할 수 있다고 느끼는 경향이 있고, 비행기의 승객으로 있을 때는 통제를 덜 한다고 생각한다. 대조적으로, 원자력발전소 인근의 사람들은 발전소 옆에 사는 것에 대한 선택권이 없고 발전소의 안전을 유지하기 위해 행해지고 있는 일에 대해 아무런 통제도 할 수 없다고 느낀다.

Q

원자력발전소의 수명은 얼마나 될까?

원자력의 역사는 상대적으로 짧다. 상용 원자력은 1950년대에야 비로소 시작되었으며, 세계 원자로 운영의 경험을 축적하면 약 14,000 원자로년 정도가 된다. 이 정도면 오랜 시간처럼 보이지만 대형사고가 날지도 모른다고 추산되는 기간에 비하면 짧다. 앞에서 언급한 바와 같이, 거의 모든 가동 중인 원자로의 주요 노심이 손상될 가능성은 적어도 10,000원자로년당 한 번 또는 그 이하이다. 따라서 매 10,000 원자로년마다 노심 손상을 일으키는 사고가 발생할 수 있다. 체르노빌 사고는 원자로의 설계상 결함이 많고 소련 원자로 운전자들 사이에 안전문화가 결여되어 있었기 때문이므로 예외적이라고 보면, 쓰리마일 아일랜드와 후쿠시마 다이치라는 두 개의 대형 사고만이 현대적 발전소에서 발생한 셈이다.

원자력업계는 지속적으로 안전을 향상시킴으로써 대형사고 재발을 피하려고 노력하고 있다. 그러나 원자력발전소는 복합적이며, 잘 훈련되었다고 하더라도 불완전한 인간에 의해 운영된다. 감독기관은 모든 발전소는 수명이 있고, 문제가 발생하기 쉬운, 즉 수명이 거의 다 된 원자로는 더 이상 이용하지 않아야 한다는 것을 인식해야 한다. 가장 큰 걱정거리는 원자로 압력 용기가 수십 년 간 중성자 충격을 받았기 때문에 부서질 수 있다는 것이다. 중성자들은 금속 용기 속 원자의 위치를 변경한다. 오랜 시간이 지나면서 이런 위치 변경이 발생한 부분에 균열이 생길 수 있다. 용기에 균열이 생기면 원자로에 냉각수 손실 사고가 발생할 수 있고, 응급냉각시스템이 제대로 작동하지 않을 경우 녹아내릴 수도 있다.

미국은 1950년대에 원자력발전소에 면허를 주기 시작하였는데, 당시에는 최소 40년은 발전소를 가동시킬 수 있다는 견해가 지배적이었다. 이 때문에 만기일이 다가오자 발전소 소유주들은 수명 연장을 요청할 수 있었다. 하지만 미국 원자로들은 이제 명목상의 수명에 접근하고 있다. 최근에 미국의 50개 이상의 원자로가 20년 운영 연장을 요청하였다. 그리고 거의 모든 발전소가 연장을 받았다. 그럼에도 불구하고 2030년 초가 되면 많은 원자로들이 추가적인 수명 연장을 받지 못할 경우 폐기를 시작해야 한다.

전 NRC 의장 디아즈(Nils Diaz)와 클레인(Dale Klein) 같은 규제위원들은 대부분의 미국 원자로들이 총 80년 동안 가동될 수 있는지 여부를 결정하자고 말해 왔다. 수명 연장을 해야 할 것인지, 어떻게 연장할 것인지를 알기 위해서는 더 많은 연구가 필요하다. 미국의 40년 허가와 대조적으로, 프랑스 관리위원회는 10년 면허를 발행하고 이 기간이 다 되면 추가 10년 면허를 발급할지 여부를 확인한다. 그러나 프랑스 원자로도 여전히 수명 마감에 대한 고려를 해야 할 상황이다.

Q
어떻게 미래의 원자력발전소를 더 안전하게 만들 수 있을까?

원자력발전소 설계자들은 미래의 발전소를 더 안전하게 만들 방법을 모색하고 있다. 문제는 수동적 안전요소와 시스템을 강조할 것이냐 능동적 안전요소와 시스템을 강조할 것이냐이다. '수동적 안전'은 안전요소들이 작동하기 위해 적극적인 운전자 개입을 요구하지 않는 시스템을 지칭한다. 이런 시스템은 발전소의 안전을 강화하기 위하여 중력과 열대류 같은 자연적인 힘에 의존한다. 비록 어떤 시스템이 '수동적으로 안전하다.'라는 것이 '본질적으로 안전하다.'라는 말과 꼭 동일하지는 않다. 본질적으로 안전한 발전소에서는 운전자들이 그저 걸어 나가면

되고 몇 날 몇 주가 지나도 개입할 필요가 없다.

수동적으로 안전한 2가지의 새 디자인은 냉각수 손실 후 3일까지 운전자 개입이 필요 없다고 알려져 있다. 이 디자인은 제너럴 일렉트릭의 경제형 단순 비등수형 원자로(ESBWR, Economic Simplified Boiling Water Reactor)와 웨스팅하우스의 AP-1000이다. 경제형 단순 비등수형 원자로는 더 높은 원자로 용기와 더 짧은 원자로 노심을 이용하고 물 흐름 제한요소를 줄임으로써 냉각수의 자연적인 순환이 매우 용이하다. 또한 이 디자인은 고압 수위를 조정하고 방사선 붕괴 열 제거를 강화하는 분리응축기 시스템을 이용한다. 게다가 미국 핵관리위원회에 따르면, 경제형 단순 비등수형 원자로는 저압 수위 조절을 위하여 중력으로 동작하는 냉각시스템을 이용한다. AP-1000도 비슷한 개념을 이용하고 있으며, 적극적으로 작동되는 펌프나 디젤이 필요하지 않도록 자연적인 추진력을 이용한다. 이 모든 새로운 원자로 디자인은 여전히 심층방어 안전원칙을 준수하기 때문에 다중 안전 요소들을 가지고 있다.

프랑스 디자인인 혁신적 파워 원자로(Evolutionary Power Reactor)는 경제형 단순 비등수형 원자로나 AP-1000과는 다르게, 능동적 안전기능에 의존한다. 이 디자인은 이중 격납구조물과 원자로 용기 파손으로 인한 심각한 사고의 경우 원자로 노심으로부터 나온 방사성 물질을 붙잡아 냉각시키는 '노심 포획' 등 다중공학 안전장치를 포함하고 있다.

요약하자면, 능동적 안전시스템은 펌프, 밸브, 기타 다른 안전 부품을 작동시킬 믿을 만한 전력이 필요하다. 그럼에도 불구하고 모든 발전소는 적극적인 전기적, 기계적 통제시스템을 요구하지 않는 방식으로 원자로 연료 디자인과 격납구조물 벽이 건설되었다는 점에서 수동적 안전 요소를 이용한다. 본질적으로 안전하다고 알려진 디자인인 페블 베드 모듈라 원자로(PBMR, Pebble Bed Modular Reactor)는 원자로 노심으로부터 열을 전달하기 위해 헬륨가스를 이용한다. 연료는 흑연 볼과 세라믹으로 코팅된 우라늄 입자로 구성되어 있다. 이 연료 디자인은 연료가 과열되기 시작하면 중성자가 우라늄-238 원자에 의해 잡힐 확률이 높아지고, 따라서 우라늄-235 원자의 분열 속도가 줄어든다는 점에서 본질적으로 안전한 디자인이다. 따라서 이런 피드백은 반응과 열 생산을 줄여 원자로를 안정 상태에 있도록 한다. 흑연 볼과 세라믹으로 코팅된 우라늄 입자로 구성된 연료의 기하학적 구조와 내용물은 추가적 안전을 제공한다. 디자이너들은 PBMR의 안전을 매우 신뢰하여 격납구조물이 필요 없다고 믿는 반면, 대중은 그런 확신이 없기 때문에 이러한 안전장치를 요구한다. 격납구조물 건설은 원자력발전소 건설에 상당한 추가 비용을 발생시킨다.

Q

새로운 위험국들은 어디인가?

2010년을 기준으로 20개국 이상의 나라가 원자력발전소 도입에 관심을 표명하였다. 이 중 인도네시아, 필리핀, 터키 같은 몇몇 나라들이 이미 자체 기술을 일부 축적한 반면, 대부분 나라들은 실제적으로 안전하게 발전소를 운영하고 조사할 기술 인력을 훈련하는 출발점에서부터 시작하고 있다. 따라서 이러한 나라들이 발전소를 위험에 빠뜨리고 대중에 해를 미칠 만한 안전 문제가 있을 경우 발전소 폐쇄를 명령할 수 있는 권위를 가진 독립적 규제위원회를 설치하는 것이 필수적이다.

좀 더 긴급한 안전 관련 우려는 주로 중국에 집중되어 있다. 중국은 어린이 장난감의 납 오염, 멜라민 오염 우유, 석탄광산 사고에서 보여주듯이 안전과는 거리가 멀다. 2009년에 중국 정부는 2020년 700억 와트, 2050년 4조 와트까지 원자력 발전용량을 획기적으로 증대시키려는 계획을 세웠다. 중국은 2009년 후반에 11개 원자로로부터 9기가와트의 원자력을 생산하였고, 10개의 원자로를 건설 중이었다. 2009년 10월, 원자바오 수상은 안전 인력을 5배로 늘릴 것을 요구하였다. 전문가들에 따르면 이 정도로는 여전히 불충분할 수 있다. 이런 빠른 속도는 중국 원자력업계의 스캔들을 생각할 때 더욱 염려스럽다. 예를 들어 2009년 8월, 중국 당국은 중국 국립원자력회사 사장인 강 리신(Kang Rixin)을 해고하였다. 전해진 바에 따르면, 그는 원자력발전소 건설의 담합 입찰에 연루되었다고 한다. 이와 같이 중국에서 원자력이 급속히 확산되고 새롭게 원자력을 가지는 나라들이 등장할 수 있으므로, 원자력 안전에 대한 국제적 협조가 시급하다. 동시에 가장 강력한 안전 기준을 제정, 시행, 강제하는 것은 각 개별 정부의 책임임을 인식해야 한다.

Q

어떻게 원자력 시설을 지진이나 쓰나미 같은 자연재해에 잘 견디게 만들 수 있을까?

원자력발전소를 건설할 때에는 주변에 있을 수 있는 자연재해의 위험성을 이해하는 것이 시설과 대중 모두를 보호하는 첫 번째이며 가장 중요한 단계이다. 예를 들면 원자력발전소는 주요 지진단층 가까이에 건설되어서는 안 된다. 그리고 원자력 시설은 효과적인 안전시스템을 이용하여 자연재해로부터 보호될 수 있어야 한다. 즉 지진이 있을 경우 설비가 흔들려도 원자로 압력 용기와 격납구조물 같은 핵심적인 안전시스템에 손상을 주지 않아야 한다. 해안에 있는 발전소의 경우 쓰나미로부터의 안전을 위하여 매우 높은 파고를 막을 만큼 충분히 높은 바다 방어벽을 설치해야 한다. 또한 홍수에 영향을 받지 않도록 높은 곳에 응급 디젤발전기를 설치해야 한다. 마지막으로 발전소의 응급 노심냉각시스템은 심각한 자연재해 하에서도 계속 작동해야 한다. 엔지니어들이 원자력 시설의 안전을 강화하기 위하여 많은 노력을 하지만 가능한 모든 사태에 대비하는 것은 불가능할 것이다. 자연은 언제나 이전에 없던, 우리가 완전히 대비할 수 없는 손상을 가할 수 있다.

Q

후쿠시마 다이치 사고는 어떻게 일어났는가?

2011년 3월 11일, 후쿠시마의 북동 해안가에서 현지 시간으로 오후 2시 46분에 대규모 지진이 발생하였다. 이 지진은 리히터 스케일로 거의 진도 9를 기록하였는데, 지진활동을 관측한 일본의 140년 역사 중 가장 높은 기록이었다. 태평양 지질 판의 갑작스러운 대규모 움직임은 어마어마한 쓰나미를 발생시켰고, 이 높고 빠르게 움직이는 물의 벽이 혼슈(Honshu) 남동쪽 도시인 센다이(Sendai) 주변을 강타하였다. 이 지진으로 16,000명의 사람이 사망하였고, 약 2,600명이 아직도 행방불명 상태이다.

이러한 강한 흔들림으로 후쿠시마 다이치의 후쿠시마 다이니(Fukushima Daini), 오노가와(Onogawa) 그리고 토카이(Tokai) 원자력발전소에 위치한 지진계는 안전 한계치를 넘어섰다. 이 지진계들은 즉각 이 발전소에서 가동 중이던 11개의 원자로를 폐쇄하라는 신호를 보냈다. 지진이 일어났을 때 후쿠시마 다이치의 6개 원자로 중 3개가 운행 중이었다. 원자로 1, 2, 3호는 1970년대 운행을 시작한, 후쿠시마 다이치에서 가장 오래된 원자로였다. 폐쇄 과정은 올바르게 진행되었다. 그러나 쓰나미로 후쿠시마 다이치 발전소의 응급 디젤발전기가 물에 잠기자 위급한 상황이 전개되었다. 발전소의 냉각수 펌프 가동에 필요한 핵심적인 외부 전력 공급이 차단된 것이다.

앞에서 언급한 바와 같이 원자로가 폐쇄되면 이전에 어떻게 가동되었는가에 따라 수일에서 수주 동안 원자로에서 분열 생성물이 방사성 붕괴를 하면서 많은 양의 열이 계속 발생한다. 폐쇄 직후의 붕괴열은 폐쇄 바로 전에 생산된 열량의 약 6%이다. 예를 들어, 후쿠시마 다이치 원전 1호가 약 1,200메가와트의 열을 생산하고 있었다면 원자로 폐쇄 직후 원자로 노심은 여전히 약 72메가와트 (1,200메가와트의 6%)의 열을 생산한다. 이 어마어마한 양의 열은 원자로 노심으로부터 제거되어야만 한다. 그렇지 않으면 연료봉이 폭발할 수 있고, 냉각이 계속되지 않을 경우 결국 녹아내릴 수 있다. 외부 전력이 부족하고 디젤발전기는 물에 잠겼지만 발전소에는 약 8시간의 저장 전력을 가진 배터리가 있었다. 하지만 이 예비전력은 다른 방식의 전력이 복원되기 전에 소진되었다.

냉각 펌프를 돌릴 전력이 없자 원자로 노심들이 과열되기 시작하였다. 노심 주변에 있는 물의 대부분이 증기로 변하였다. 그러자 증기가 핵연료 안의 분열 생성물이 외부로 빠져나가는 것을 막기 위하여 제작된 지르칼로이 외장재와 화학 반응을 일으켰다. 이 화학 반응이 가연성의 수소가스를 만들었다. 원자로의 압력 용기와 주 격납구조물 내에 증기 압력과 수소가스가 쌓이는 것을 줄이기 위하여, 발전소 운전자들이 약간의 증기와 수소가스를 배출하였다. 주요 위험요소는 1차 격납구조물의 폭발이었다. 며칠 지나지 않아서 2차 격납구조물로 방출된 수소에 불이 붙으면서 원자로 1, 3호의 2차 격납구조물에 구멍이 생겼다. 원자로 노심 자체가 노출되지는 않았지만 2차 격납구조물 내에 위치한 사용후 핵연료 저장조가 노출되었다. 그 당시에는 사용후 핵연료 저장조의 냉각수를 잃을지도 모른다는 우려가 있었는데, 만일 사용후 핵연료에 불이 붙었다면 다량의 방사성 물질이 외부로 흘러나갈 수 있었다. 원자로 4호의 사용후 핵연료 저장조의 냉각수는 지진 때문에 상당량이 없어졌다. 하지만 위기의 첫 주 동안 이 저장조의 냉각수가 완전히 소진되었는지 아니면 단지 다량의 냉각수 손실만 입었는지에 대해서는 의견이 분분하다. 3월 16일, 원자력관리위원회 의장인 그레고리 작즈코(Gregory Zaczko)는 냉각수가 완전히 손실되었다는 정보를 가지고 있다고 의회에서 증언한 반면, 일본의 원자력 관련 고위 관료들은 의견이 달랐다. 이런 의견 차이는 신뢰할 만한 데이터를 얻는 것이 어렵다는 사실을 보여 준다.

또한 위기의 첫 주 동안 원전 2호의 1차 격납구조물에 설치된 증기억제시스템에서 수소 폭발이 일어났다. 이 시스템은 증기 에너지를 흡수해서 증기가 형성되는 것을 막도록 고안되어 있었다. 하지만 증기억제시스템이 원전 1, 2, 3호에서 포화상태가 되었고, 2호기의 증기억제시스템에 난 구멍은 핵연료 용융이 일어날 경우 많은 양의 방사성 물질들이 1차 격납고로부터 빠져나가는 통로가 될 수 있었다. 운전자들이 증기를 배출할 때마다 비교적 적은 양의 방사성 물질이 방출되었는데, 특히 아이오딘과 세슘이 방출되었다. 위기 2주차에는 후쿠시마로부터 약 220킬로미터나 멀리 떨어진 도쿄의 아이오딘 수준이 높아졌다. 이에 당국은 상당량의 방사선 아이오딘이 아이들의 갑상선에 축적되지 않도록 갓난아이와 어린아이들에게 오염된 물을 주지 말 것을 부모들에게 권고하였다.

정확히 2주가 지난 시점에서 발전소 운전자들과 일본 자위대, 응급 관리자들은 소방호스, 물대포, 헬리콥터 물 뿌리기 등 다양한 방법을 동원하여 바다로부터 냉각수를 가져와 원자로 노심과 사용후 핵연료 저장조에 집어넣으려고 시도하였다. 그러나 원자로 1, 2, 3호의 노심 내부의 물은 여전히 연료봉의 맨 위에 한참 못 미치는 수준이었다. 2주째가 되었을 때에 원자로들에 외부 전력이 다시 공급되고 있었지만, 운전자들은 여전히 핵심 안전장치에 전력을 공급하려고 고전분투하고 있었다. 2주가 끝날 때쯤에는 원자로 3호의 격납구조물이 심각하게 파손되었을 수도 있다는 충격적인 뉴스가 있었다.

이 원전 사고는 두 개 이상의 원자로가 동시에 주요 피해를 입었다는 점에서 전례가 없다. 쓰리마일 아일랜드와 체르노빌 원전 사고는 하나의 원자로에서만 사고가 발생하였다. 이 사고가 함축하는 바를 완전히 알기는 어렵지만, 다음에서 논의할 것처럼, 일본과 세계 모두 분명히 이 위기로부터 배울 교훈이 있다.

Q

후쿠시마 다이치 원자로의 디자인 결함과 사고 전 안전유지 문제점은?

사고가 발생한 후쿠시마 다이치 원자로는 비등수형 원자로이다. 6개의 후쿠시마 다이치 원자로 중 5개가 이 유형이었다. 1장에서 비등수형 원자로의 기본적인 면들을 논의하였는데, 이 유형들이 가장 피해를 많이 입었기 때문에 비등수형 원자로의 마크(Mark) I 유형을 집중적으로 살펴볼 필요가 있다. 마크 I은 상대적으로 작은 1차 격납구조물을 장착해서 비용을 절약할 수 있게 설계되었다. 설계자들은 또한 사고 시 발생하는 증기에너지를 흡수할 수 있도록 증기억제시스템을 추가하였다. 따라서 이 디자인은 증기에서 오는 압력 상승을 줄이면서도 격납구조물의 크기를 줄일 수 있었다. 하지만 사이즈가 작은 1차 격납구조물은 증기억제시스템이 포화상태가 될 경우 증기 양을 처리하는 데 한계가 있다. 후쿠시마 다이치에서 바로 이러한 일이 발생한 것이다. 이런 경우에 직면하면, 운전자들은 격납고가 파기되는 것을 막기 위하여 1차 격납구조물로부터 증기를 배기할 수밖에 없다. 이 디자인에 대한 우려는 최소한 후쿠시마 다이치 원자로 1호 운행이 시작된 후인 1972년으로 거슬러 올라간다. 그 당시 원자력에너지위원회 고위 관리였던 하나워(Stephen Hanauer)가 마크 I의 중단을 권고 한 바 있다.

하지만 이 디자인은 이미 많은 다른 원자로에서 사용 중이었기 때문에, 업계에서는 원자로들이 내는 이익에 손실을 가져온다는 이유로 이 권고에 반대하였다. 1970년대부터 그리고 1980년대 들어서까지 세부 연구들이 마크 I에서 발생할 수 있는 안전 문제를 지속적으로 지적하였다. 그런 사고의 가능성을 줄이기 위해, 1982년에 과학자인 프랭트 폰 히펠(Frank von Hippel)과 잔 비야(Jan Beyea)는 방사선 가스를 포집하는 필터 시스템을 격납구조물에 새로 장착하자고 제안하였다. 하지만 발전소들은 이 필터에 비용을 투자하고 싶지 않았고, 원자력관리위원회도 이 필터를 추가하라고 요구하지 않았다. 2011년 초 기준으로, 23개의 미국 원자로가 여전히 비등수형 원자로 마크 I 디자인을 이용하고 있다.

후쿠시마 다이이치의 원자로 디자인에 대한 우려와 함께 응급 디젤발전기가 쓰나미에 취약하다는 사실도 불안을 가중시켰다. 특히 이 발전기들은 낮은 위치에 있어 홍수에 노출되어 있었다. 바다벽이 홍수를 약간 막아 주지만 6미터 이상의 쓰나미를 막기에는 너무 낮았다. 이 쓰나미는 일본의 현대 역사상 기록된 어떤 것보다 훨씬 높았다. 하지만 이미 서기 869년에, 이 지역에 성을 무너뜨릴 정도의 강력한 쓰나미가 발생하였었다고 한다. 2011년 3월 24일 워싱턴 포스트의 한 기사에 따르면, 이 지역이 대규모 지진과 대형 쓰나미에 취약하다는 증거에도 불구하고, 후쿠시마 다이이치를 소유하고 있는 도쿄전력(TEPCO, Tokyo Electric Power Company) 경영진들은 저명한 지진학자 유키노부 오카무라(Yukinobu Okamura)의 경고를 비웃었다. 이 경고는 2009년 6월에 일본 원자력산업부가 자연재해로부터 원자력발전소의 보호 필요성을 조사하던 중에 나왔다.

Q

일본의 어떤 원자력 안전문화가 염려스러운가?

후쿠시마 다이이치 원전 사고는 일본의 원자력관리국이 원자력발전소의 안전보장에 필요한 시설의 추가와 폐쇄를 요구할 만큼 충분한 독립

성과 권위를 갖지 못하고 있다는 세계의 우려를 재확인시켰다. 지진과 쓰나미가 발생하기 한 달 전 원자력관리국은 이 발전소, 특히 원자로 1호의 안전 문제에 대한 경고에도 불구하고 1호(가장 오래된 원자로로 약 40년 운행됨)의 운행 연한을 10년 연장해 주었다. 뉴욕타임즈의 2011년 3월 21일 기사에 따르면, 이 원자로는 응급 디젤발전기에 스트레스성 균열이 발생한 상태로, 해수와 빗물에 쉽게 부식될 우려가 있었다. 게다가 발전소를 소유하고 있는 도쿄전력은 연장허가가 승인된 후 발전소의 냉각시스템과 연관된 33개의 부속장치를 검사하지 않았음을 시인하였다. 관리국은 불충분한 조사와 질 낮은 관리를 언급하면서도 발전소를 계속 가동할 권한을 주었다.

일본의 감독 체계를 비판하는 사람들은 관리국과 발전소 소유주 간의 불건전한 관계에 대해 반복적으로 경고해왔다. 일본의 10개의 지역 전력생산시설들은 각 지역에서 독점적 통제력을 가지고 있고, 이것은 그들에게 지역과 중앙 정부를 쥐고 흔들 수 있는 힘을 주었다. 일본에서 원자력발전소 문제를 숨기려고 시도한 역사는 꽤 길다. 특히 2003년 조사에 따르면, 1980년대에 도쿄전력은 많은 원자력발전소 데이터를 위조한 것으로 드러났다. 이후 도쿄전력 사장 쓰네히사 카쓰마타(Tsunehisa Katsumata)는 새로운 윤리 수칙을 약속하였고, 최고경영자 히로쉬 아라키(Hiroshi Araki)를 비롯하여 5명의 경영진이 사임하였다. 하지만 몇 년 후 또 다른 데이터 위조 의혹이 제기되었다. 이 때문에 회사의 문화가 근본적으로 개선되어야 한다는 우려가 여전하다.

Q

후쿠시마 사고가 원자력 산업에 미칠 영향은?

사고 발생 후 중국, 독일, 스위스를 포함한 많은 정부들은 철저한 안전점검을 마칠 때까지 새로운 원자력발전소 건설을 중지할 것을 공식 요구하였다. 독일은 이미 1990년 후반에 자국의 원자력발전소를 단계적으로 폐쇄하겠다고 결정하였는데, 이 사고가 발생하자 안전점검이 진행 중이던 가장 노후한 7개의 원자로를 즉각 폐쇄하는 결정을 내렸다. 반대로, 중국 지도자들은 일본발 방사능 오염에 대한 대중의 우려에 대해 해결 방안을 제시해야 하는 필요성을 느끼면서도 수십 개의 원자력발전소를 건설하는 원대한 계획을 계속 추진하고 있다.

미국에서는 메사추세스 주 출신의 민주당 하원의원 마키(Edward Markey), 코네티컷 주의 상원의원 리버먼(Joseph Lieberman) 같은 정치가들이 신규 원자력발전소 건설을 중지하라고 요구한 반면 오바마 대통령은 신규 원자력발전소 건설을 지속적으로 지지하였다. 원자력관리위원회는 모든 원자력발전소에 대해 90일간 점검을 시행한다고 발표하였다.

궁극적으로, 이 사고로 인해 현존하는 그리고 앞으로 건설될 발전소에 대한 안전 기준이 훨씬 강화되고, 자연재해로부터 원자로를 보호할 수 있는 장치 기준도 더욱 강화될 것으로 보인다. 특히 사고, 공격, 파괴로 방사성 물질이 확산되는 위험을 줄이기 위해 초만원인 사용후 핵연료 저장조로부터 더 노후한 사용후 핵연료를 제거하도록 요구할 수 있는 새로운 규정들도 생겨날 것으로 예상된다. 또한 원자력업계 스스로가 대중들에게 더 큰 확신을 주기 위하여 자발적으로 추가적 안전장치를 시행할 수도 있다. 이 사고가 주는 명백한 교훈은 정부와 원자력 산업이 원자력 운영에 있어서 그리고 대중을 보호하기 위하여 어떤 일을 해야 하는지에 관해 더 투명해질 필요가 있다는 것이다.

Q

왜 후쿠시마 사고가 플루토늄 사용에 대한 우려를 불러일으키는가?

후쿠시마 다이치 원자로 3호는 최근에 플루토늄 산화물과 우라늄 산화물의 혼합물인 혼합 산화물 연료를 장착하였다. 1차 격납구조물이 파손되어 원자로 노심으로부터 방사성 물질이 방출된다면, 플루토늄이 대기로 확산될 수 있다.(2장에서 논의한 것과 같이 일본은 특정 원자력발전소에서 재활용 플루토늄을 사용하는 몇 안 되는 국가 중 하나이다.) 플루토늄이 방출하는 알파 방사선은 세포 손상을 일으키기 때문에 콩팥과 다른 장기에 많은 해를 끼친다. 그러나 인체의 피부가 플루토늄에서 방출되는 대부분의 방사선인 알파선을 막기 때문에 인체에 미치는 건강상 피해는 크지 않다. 하지만 마이크로그램 이상을 섭취하거나 흡입할 경우 매우 위험할 수 있다. 우라늄 산화물만 포함한 핵연료와 비교할 때, 플루토늄은 우라늄보다 훨씬 더 많은 방사선을 방출하기 때문에 더 위험하다. 하지만 위험도는 논쟁의 여지가 있다. 우라늄 연료 원자로는 우라늄-238의 방사선 변환 결과로 플루토늄을 생산한다. 우라늄 연료로 만든 연료집합체의 연료 주기 초기 몇 주 정도의 짧은 시간에 원자로에서 생산되는 파워의 상당 부분은 플루토늄에서 발생한다. 원자로 내에서 연료집합체가 다 소모될 무렵에, 플루토늄의 무게는 연료집합체 무게의 약 1%에 해당한다. 따라서 우라늄 연료 원자로에서 심각한 사고가 날 경우 플루토늄이 확산될 위험이 있다. 혼합 산화물 연료를 이용하는 원자로는 사고 시 확산될 수 있는 플루토늄의 양이 훨씬 더 많은데, 플루토늄이 공기에서 잘 확산되지 않고 물에 잘 녹지 않는 경향이 있다는 점은 알아야 한다.

추가적으로, 플루토늄을 기반으로 한 연료는 원자로 사용 수명을 감소시킬 수 있다. 평균적으로 플루토늄 분열이 우라늄 분열보다 더 많은 중성자를 생산하므로, 과도한 중성자들이 원자로 압력 용기에 세게 충돌하면서 핵심 안전시스템에 손상을 줄 수 있다. 앞에서 논의한 바와 같이, 압력 용기에 중성자가 오래 충돌하면 용기의 탄성이 저하되고 부서지기 쉬워진다.

6장

물리적 안보

Q

핵 안보란?

'핵 안보'는 문맥에 따라 다양한 의미를 가진다. 핵폭탄에 폭발력을 제공할 수 있는 핵분열 물질을 지칭할 때에는 이 물질이 유용이나 도난의 위험으로부터 얼마나 안전한가의 개념으로 사용된다. 핵전쟁 억제와 관련해서는, 핵무기들이 안전한지 확인하는 것과 관련이 있다. 하지만 여기에서는 원자력발전소나 핵폐기물 보관 및 처리 시설, 상용 핵연료 주기 시설 등 핵과 관련된 시설물의 안전을 가리킨다.

핵 시설의 안보를 위해서는 잠재적 공격자나 테러리스트들, 시설의 취약점, 그리고 침입자들이 방어를 뚫고 시설의 약점을 이용하는 방법 등 몇 가지 요소들의 상호작용에 관한 이해가 필요하다. 안보는 매우 복잡하기 때문에, 여러 분야 전문가들의 긴밀한 협조가 중요하다. 이를 위해서 정보분석가들은 시설에 위협이 되는 요소를 끊임없이 평가해야 하고, 시설 운영자 및 경비요원에게 그 평가 내용을 전달해 줘야 하며, 이들은 시설이 안전하고 안정된 상태로 유지되도록 자신들의 행동을 조정해야 한다. 특히 현장에 있는 경비요원은 대부분 시설 파괴를 방어하는 최일선에 있기 때문에 실제 상황 같은 공격에 대비하는 엄격한 가상 훈련을 받아야 한다. 비상대응 대원들도 항시 짧은 시간 내에 현장에 도착할 준비가 되어 있어야 한다. 정보분석가, 시설 운영자, 경비요원 그리고 비상대응 대원으로 이루어진 팀이 설계기준위협평가에 의해 구성된 대로 협력하여 활동할 때 원자력 안보가 가장 잘 이루어질 것이다.

Q

설계기준위협평가란?

국제원자력기구에 의하면, 설계기준위협평가(DBT, design-basis threat assessment)는 네 가지 개념에 기초하고 있다. 내부의 적이든 외부의 적이든 잠재적 적의 파악, 그 적들의 능력 분석, 악의적 행동을 방지하기 위한 행동의 수행 또는 이런 악의적 행동이 미치는 영향력 경감, 시설을 물리적으로 보호하기 위해 필요한 행동지침의 마련이 그것이다. 또한 설계기준위협평가는 경비요원의 능력을 평가하거나 물리적 보호시스템의 전반적 작동 상황을 평가하기 위한 명확한 방법이어야 한다. 그리고 시스템에 속해 있는 각 개인에게 명확한 임무를 부여해야 한다. 예를 들어 경비요원은 공격을 막기 위해 위협적인 무기를 언제 사용할 수 있는지에 대해 교육을 받는다. 운영자들은 시설이 공격받거나 파괴될 경우 시설을 안전한 상태로 유지하기 위해서 취해야 할 행동을 교육받는다. 정부는 잠재적 공격에 대한 시기적절한 분석을 하고 운영자들과 경비요원에게 그 평가를 전달할 책임이 있다. 현재 국제원자력기구에서는 정규 설계기준위협평가를 시행하는 데 필요한 구체적인 안내지침을 제공하고 있다.

Q

안전과 안보의 차이점은?

사람들은 보통 안전(safety)과 안보(security)를 동일한 의미로 사용한다. 하지만 원자력 분야에서 이 두 단어는 서로 다른 의미를 지닌다. '안전'은 원자력 시설에서 사고가 일어날 확률이 적고, 사고가 일어났을 경우 그 피해가 경미하도록 제어할 수 있는 방법이 있다는 것을 의미한다. 사고는 예기치 않게 발생한다. 반면에 '안보'는 시설이 공격에 대비해 보호된다는 것을 의미하고, 공격을 받았을 경우 그 손상을 경감시킬 수 있는 방법이 있다는 것을 의미한다.

안전과 안보의 공통점은 시설이 안전하며 보호받고 있음을 보장하기 위한 노력이 필요하다는 것이다. 예를 들어 원자력발전소에 적용된 심층 방어안전개념은 공격으로 발생할 수 있는 심각한 결과를 방지해 준다. 발전소 운영자들의 훈련은 발전소를 안전하고 보호받는 상태로 유지하기 위하여 운영자가 취할 수 있는 행동에 초점이 맞추어져야 한다.

안전과 안보의 가장 큰 차이는 두 개념에 수반되는 문화에 있다. 안전문화는 잠재적 위험이 공개적으로 논의되고, 원자력 관계자가 자신이 입을 피해에 대한 두려움 없이 잠재적 문제점을 조기에 제기하도록 장려되는 직업 환경에서 가장 성공적인 역할을 한다. 사실 직원들은 안전상 우려되는 부분에 주의를 기울였다는 것에 대해 보상을 받아야 한다. 그러나 오히려 안전상 우려를 제기하였다는 이유로 문책을 당하기도 하는데, 직원들에게 확신을 주려면 내부고발자 보호법을 실시하는 등 이를 장려하는 것이 중요하다. 보통 가장 안전한 발전소에서는 공개적인 논의를 장려한다. 그러나 안보가 관련된 경우에는 전통적으로 문제를 잘 공개하지 않는다. 즉 적들이 활용할 수 있을 것 같은 정보는 밝히지 않는다. 그럼에도 불구하고, 이 경우에도 조금은 공개적으로 논의할 필요성이 있다. 경비요원들과 운영자들이 더 협력하여 발전소가 안전하게 운영되기 위해 많은 노력을 하고 있다는 것을 대중에게 알리기 위해서이다. 게다가 시설이 안전하다는 것을 알림으로써 테러조직 등의 공격을 사전에 단념시키는 효과도 얻을 수 있다. 즉 방어의 핵심적 요소는 적들이 공격을 개시하지 못하도록 단념시키는 것이다.

Q

왜 원자력발전소나 관련 시설을 공격하는 것일까?

9.11 테러리스트들은 경제와 군사력을 상징하는 세계무역센터(World Trade Center)와 국방부를 공격해서 전 세계의 주목을 받았다. 원자력발전소와 같은 상용 원자력 시설은 군대와 관련은 없지만 9.11에 공격받은 건물들처럼 경제력과 국력을 상징한다. 다만 그 건물들과는 달리 원자력 시설들은 방사성 물질을 보관하고 있다. 몇몇 테러리스트들은 원자력 시설에 대한 공격으로 방사성 물질들이 대기와 땅으로 유출될 경우 대중들이 방사능 피폭을 두려워하는 심리를 이용하려고 할 수도

있다. 9.11 정도 규모의 공격이 원자력발전소에 가해질 경우, 대중들은 심리적 공황상태에 빠지고, 원자력산업은 심각한 타격을 받게 될 것이기 때문이다.

Q
누가 핵 시설을 공격할까?

상대적으로 극소수의 테러조직들만이 핵 시설을 공격하려는 동기를 가지고 있다. 용의자 목록에는 몇몇 테러조직과 정치 혹은 환경적인 요인에 의한 동기를 가진 사람들, 시설 내부 및 외부의 공격자들, 그리고 정신적으로 이상이 있는 개인이 있다. 아직 원자력발전소나 관련 핵 시설을 공격한 테러조직은 없지만, 몇몇은 관심을 표현하거나 적어도 공격을 구상한 적이 있다.

분리주의자들은 점유된 또는 억압된 영토로부터 해방을 모색하고, 국가통합론자들은 그 영토를 다른 나라 영토와 통일하려고 한다. 예를 들어 아일랜드공화국군(Irish Republican Army)은 오랫동안 북아일랜드를 영국으로부터 해방시키려고 시도하였다. 바스크(Basque) 분리주의자들은 아직도 그들의 영토를 스페인의 통치에서 해방시키고 싶어 한다. 핵 안보와 관련된 최근의 예로, 소련이 해체되면서 체첸(Chechen) 반군이 체첸공화국(Chechnya)을 러시아의 통치로부터 분리시키려고 한 것을 들 수 있다. 체첸 반군은 방사성 물질을 소유하고 있음을 보여 주며 자신들이 원한다면 방사성 물질을 유포하는 '더러운 폭탄(dirty bomb)'이나 방사성 물질 살포 장치를 터뜨릴 가능성을 시사하였다. 실제로 1995년 11월 체첸 반군은 방사성 물질인 세슘-137을 모스크바의 이스말로브스키 공원(Ismailovsky Park)에 있는 컨테이너에 넣은 뒤, 방송국 취재진을 불러 컨테이너를 촬영하도록 하였다. 이 사건은 미디어의 관심을 집중시켰으나 방사성 물질이 폭발하지 않았기 때문에 많은 전문가들은 반군들이 이 상황을 심리적인 목적으로 사용하고 싶어 한 것으로 추측하였다.

국가주의 그룹과 관련된 또 다른 적절한 예로 윌킨슨(Rodney Wilkinson)을 들 수 있다. 그는 인종차별정책을 뿌리 뽑는다는 아프리카민족회의(African National Congress)의 대의에 공감하여 이 민족회의에 의해 고용된 백인 남아프리카공화국인이다. 당시 윌킨슨은 가동할 준비를 거의 마친 남아프리카공화국의 쾨베르그(Koeberg) 원자력발전소에서 일하고 있었는데, 1982년 12월 18일 원자로에 경미한 손상을 일으키게 설계된 4개의 폭탄을 터트렸다. 그는 「가디언(Guardian)」과의 인터뷰에서 사람들이 별로 다치지 않도록 토요일을 공격 시점으로 잡았으며, 고방사성 핵분열 생성물의 유출 가능성을 막기 위하여 발전소가 가동되기 전에 폭탄을 터뜨렸다고 주장하였다. 이 값비싼 발전소가 아프리카 최초의 상용 핵원자로라는 점에서 경제적 상징적 심리적 효과를 노린 것이다.

일반적으로 테러 전문가들은 분리주의자들이나 국가통합주의자들이 자국민들이 거주하는 지역을 방사성 물질로 공격하기를 원하지는 않을 것으로 평가한다. 이 그룹들은 자국민들의 지속적인 지지를 필요로 하기 때문에 자신들의 지지 기반을 허물 수 있는 공격을 원하지 않을 것이기 때문이다.

알 카에다(al Qaeda) 같은 정치적 종교적 테러그룹은 정치권력과 종교적인 영향력을 둘 다 추구한다. 때때로 이 그룹의 지도자들은 자신들의 조직이 국가만큼 강력한 힘을 가지기를 바란다. 예를 들어 빈 라덴(Osama bin Laden)은 모로코부터 인도네시아까지 이슬람 영토를 통일할 칼리프(정치와 종교의 권력을 아울러 갖는 이슬람 교단의 지배자)적 지위를 확립하고 싶다고 말하였다. 핵무기는 이 목표를 달성하는 데 도움을 줄 수도 있다. 실제 1998년에 빈 라덴은 핵무기를 포함한 대량살상무기를 획득하는 것이 알 카에다의 '종교적 의무'라고 말하기도 하였다. 하지만 원자력발전소나 다른 상용 핵 시설을 공격하는 것이 그의 정치적 목표 추구에 도움이 될 것인가? 이런 공격은 최악의 경우 장기적으로 암 사망률을 높일 수는 있지만 최소한 가까운 미래에는 대규모 인명 피해를 일으킬 가능성이 없기 때문에 이런 유형의 테러를 우선순위에 놓지는 않을 것이다. 그럼에도 불구하고 알 카에다 소속 단체 중에는 이런 공격이 유발할 경제적 피해를 염두에 두고 관심을 보이는 단체가 있을 수 있다.

급진적인 환경보호론자들은 원자력이 도덕적으로 비난받아 마땅하며 지구에 해를 미친다고 믿는다. 그들은 환경보호를 원하기 때문에 실제로 방사능 유출을 야기하고 싶어 하지는 않지만 원자력이 가동되는 것을 방해하려고 할 수는 있다. 이들이 할 수 있는 가장 큰 돌출 행위는 원자력발전소로부터 외부로 연결된 송전선을 절단하는 것이다.

예를 들면 1989년 5월에 이반 메칸 에코 테러리스트 인터네셔널 컨스피러시(EMETIC, Evan Mechan Eco-Terrorist International Conspiracy) 회원들은 애리조나 주의 중앙 애리조나 프로젝트(the Central Arizona Project)와 팔로 베르데(Palo Verde) 원자력발전소, 캘리포니아 주의 디아블로 캐넌(Diablo Canyon) 원자력발전소, 콜로라도 주의 로키 플랫(Rocky Flats) 등의 송전선에 손상을 가하려고 모의한 혐의로 기소되었다. 이들은 급진 환경보호 단체인 어스 퍼스트 (Earth First)에서 분리되어 나온 단체이다.

종말론 단체들은 어느 날 아마겟돈(Armageddon, 지구 종말에 펼쳐지는 선과 악의 대결) 혹은 다른 놀라운 사건이 발생하여 지구의 모든 악을 심판하여 없앨 것으로 믿고 있다. 종말론 단체의 구성원들은 자신들은 지구 심판의 날에서 살아남게 될 선택된 자들이라고 믿는다. 어떤 종말론 단체들은 심판의 날을 기다리는 반면 어떤 단체들은 심판의 날이 되도록 만들려고 한다. 예를 들면 옴 진리교(Aum Shinrikyo)가 후자에 해당한다. 옴 진리교는 지구의 마지막 날을 만들고 싶어 하였다. 이 단체의 지도자인 소고 아사하라(Shoko Asahara)는 미국과 일본이 포함된 핵전쟁을 촉발시키는 것을 머릿속에 구상하고, 핵무기를 구하기 위해서 노력하였다. 이 광신적 교단은 핵무기는 구하지 못하였으나 화학무기를 만들고 생물무기로 실험을 하였다. 그리고 1995년 3월 20일에 도쿄 지하철 5개 차량에 인간의 신경계에 치명적인 사린가스를 살포하였다. 가스가 든 폴리에틸렌 주머니를 우산의 날카로운 살로 구멍을 내어 가스를 살포하는 조잡한 살포 장치를 사용하였음에도 불구하고 12명이 사망하였고 5,000명 이상이 부상을 입었다. 이 광신교단은 이 공격으로 수천 명을 살해하려는 계획을 세웠으나 다행스럽게도 1995년과 1996년에 이들의 공격을 경찰이 사전에 막을 수 있었다. 2004년 2월 27일, 도쿄 법정은 아사하라에게 사형을 구형하였다. 이후 옴 진리교는 극단적으로 부정적인 이미지를 숨기기 위해 2000년에 아레프(Aleph)로 개명하였는데, 아레프 소속원들이 원자력발전소에 대한 정보를 수집하는 것이 발각되었다. 당시 아레프 소속원들은 중국, 일본, 러시아, 한국, 타이완, 우크라이나의 원자력발전소에 대한 정보를 수집하기 위하여 컴퓨터를 해킹하였다.

백인 우월론자와 같은 일부 극우파들은 원자력발전소를 공격하지 않을 것으로 생각된다. 그러나 어떤 백인 우월론자들은 『터너 다이어리(The Turner Diaries)』에서 영감을 얻을 수 있다. 이 책에는 백인 우월론자가 핵무기와 방사성 폭탄을 사용하는 장면들이 등장한다. 특히 한 가상 공격에는 방사능과 테러리즘이라는 두 가지 측면이 합쳐져 있다. 즉 테러분자들이 더러운 폭탄으로 원자력발전소를 공격하여 고비용의 제거 작업 없이는 가동이 불가능하도록 원자력발전소와 인근 지역을 심각하게 방사능으로 오염시키는 것이다. 이 책은 미국의 도시들에서 동시 다발적인 핵폭발이 일어나는 것으로 끝난다. 마지막 장면에서 주인공은 핵무기를 탑재한 비행기를 펜타곤에 충돌시키는 자살 특공 명령을 받는다. 다행히도 테러리즘 전문가들은 과거 10년 동안 미국에서 백인 우월주의가 약화되고 있다고 판단한다. 예를 들면 이 책의 저자인 피어스(William Pierce)는 2002년에 사망하였고 화이트 아리아 운동(White Aryan movement, 신나치 백인 분리주의 운동)의 다른 지도자들도 사망하였다. 그러나 일부 전문가들은 지도력의 공백이 권력 진공 상태를 만들 수 있고, 이것은 이 운동을 지속하기 위해서 더욱 과격하고 극단적인 폭력 행위를 낳을 수 있다고 경고한다.

Q

잠재적인 공격으로는 어떤 것이 있으며 이를 막기 위해 어떻게 해야 하는가?

이것은 민감한 주제이기 때문에 여기에서는 기본적인 내용들만 언급하고, 핵 시설들의 약점을 세세하게 밝히지 않을 것이다. 가장 대표적인 공격 및 사보타주 방법으로는 비행기 충돌, 트럭 폭탄, 특공대의 육로 공격, 수계감염 공격, 내부자와의 결탁, 사이버 공격 등 여섯 가지가 있다.

9월 11일에 세계무역센터와 펜타곤에 대한 비행기 충돌 공격이 감행된 직후, 테러리스트들이 원자력발전소에도 비행기 테러를 할 수 있다는 우려의 목소리가 커졌다. 9.11 테러에 사용된 비행기들에는 가연성 연료가 잔뜩 실려 있었다. 당시 국제원자력기구 대변인인 키드(David Kyd)는 "(원자력발전소들이) 연료가 가득 차 있는 점보제트기와 같은 공격에 견디도록 설계되지 않았다는 것은 자명하다."라고 인정하였다. 9.11 위원회의 보고서에 의하면, 알 카에다 우두머리 중의 한 명인 아타(Mohammad Atta)는 '전자공학'이라는 작전명으로 목표물에 비행기를 충돌시킬 계획이었다고 한다. 이 목표물은 뉴욕 북부에 있는 인디안 포인트(Indian Point) 원자력발전소인 것으로 추정된다. 이 발전소는 뉴욕에서 약 80킬로미터 정도밖에 떨어져 있지 않기 때문에, 아타는 비행통제구역에 대한 우려로 이 발전소 공격을 단념한 것으로 보인다.

폭발물을 탑재한 트럭이나 밴 등 운송수단을 사용하는 공격은 군 기지, 대사관, 다른 정부 건물, 그리고 민간 건물들에 대단히 큰 파괴적인 손상을 가한다. 1983년에 레바논의 미국 소유 건물에 폭발물을 실은 트럭이 충돌하였는데, 이는 잇따른 테러의 시작이었다. 그해 4월 18일, 베이루트에 있는 미국 대사관에 트럭 폭탄 공격이 감행되어 63명이 사망하였고, 10월 25일에는 레바논에 주재한 미국 해병대 병영에 대한 트럭 폭탄 테러로 241명의 미국 군인이 사망하였다. 미국 원자력규제위원회는 원자력발전소에 트럭 폭탄 테러를 방지할 추가적인 보호 장치를 요구할지 논의하였지만, 이 규정을 발부하지 않기로 결정하였다. 1993년 2월 26일에는 1,000파운드 이상의 폭발물을 실은 밴이 세계무역센터의 북쪽 타워에 충돌하였다. 미국 연방정부의 조사에 의하면, 알 카에다 조직원인 유세프(Ramzi Yousef)가 이 공격을 계획하였다. 이에 대응하기 위하여, 미국 원자력규제위원회는 발전소들에 트럭 폭탄 방어벽을 설치하도록 요구하였고, 트럭 폭탄 공격을 설계기반위협평가 항목에 추가하였다. 1995년 4월 19일 오클라호마 주의 알프레드 무라(Alfred P. Murrah) 연방정부 빌딩이 폭발하여 168명이 사망하자, 미국 원자력규제위원회는 트럭 폭탄으로부터의 발전소 보호수준을 다시 점검하고 개선하였다.

9.11 테러가 일어나기 전에도 미국 원자력규제위원회를 비롯한 원자력 관리기관들은 소규모의 게릴라식 공격을 설계기반위협평가에 포함시켰었다. 그러나 안보 전문가들은 설계기반위협평가가 특공대의 힘을 과소평가하였다고 우려를 표명하였다. 9.11 테러가 4개 조직에 소속된 잘 훈련된 19명에 의해 일어났다는 것을 생각해야 한다. 영국의 스폴크(Suffolk)에 위치한 사이즈웰 비(Sizewell B) 핵 시설의 보안 절차에 대해서도 의문이 제기되었다. 2002년 10월 14일 그린피스 활동가들이 보안 경계선을 침입하였는데, 경비요원들이 이들에게 구두 경고를 하기까지 25분이나 소요되었기 때문이다.

침입자의 무장 상태 역시 논의해 볼 만한 주제이다. 이들은 기관총 같은 자동화기 로켓 추진 소화탄과 다른 철갑을 관통하는 무기들을 보유하고 있을 것이다. 추가로 이들은 무장된 차량, 예를 들어 SUV(Sports Utility Vehicle)를 타고 올 수 있다. 미국에서 대규모 지상공격이 이루어지면, 주 방위군과 같은 추가 병력이 도착하기 전까지 원자력발전소에서 근무하는 경비요원들이 침입자들을 물리쳐야 한다. 경비요원들은 9.11 테러 직후 원자력규제위원회의 요구사항을 충족시키기 위해 초과근무를 하게 되자 상당수가 불만을 제기하였다. 이에 원자력규제위원회는 2003년 초에 경비요원들의 근무 환경을 개선하고 더 많은 경비요원을 고용하도록 장려하였고, 실제적인 무력 대응 시뮬레이션을 통해 공격에 더 잘 대비하도록 가이드라인을 발표하였다.

원자력발전소는 외부에서 공급되는 냉각수가 필요하여 강, 호수, 바다의 물을 이용해서 열을 제거한다. 테러리스트들은 이러한 점을 이용하여 취수를 방해함으로서 냉각수가 원자력발전소로 흘러들어가지 못하게 할 수도 있다. 그렇지만 이 정도 공격으로는 원자로 노심을 용융시키지 못할 뿐 아니라 발전소에 해를 가하기 어렵다. 하지만 장기적인 방해는 악영향을 끼칠 수 있다. 이러한 공격을 방지하기 위해 원자력발전소에는 취수로 주변에 보호 장벽을 설치해 두고 있다. 9.11 테러 이후에 개정된 설계기준위협평가도 이러한 보호장벽을 설치해야 한다고 명시하고 있다.

원자력 시설에서 일하는 한 명 또는 다수의 직원이 침입자들을 도울 수도 있다. 9.11 테러 직후, 미국 원자력규제위원회 의장인 메서버(Richard Meserve)는 내부 조력자를 "가장 방어하기 힘든 위협"이라고 칭하였다. 내부 조력자들은 원자력발전소 운영방식에 대해 세부적인 지식을 가지고 있을 뿐 아니라 발전소의 취약한 부분에 쉽게 접근할 수 있기 때문에 가장 위협적이다. 이들이 외부 침입자들과 협력하면 효과적으로 공격할 수 있을 것이다. 예를 들어 비행기 공격으로 격납구조물이 손상될 경우 내부자는 긴급 냉각시스템을 망가뜨려 방사성 물질이 주변에 퍼져나갈 수 있는 상황을 만들 수도 있다. 설계기준위협평가는 적어도 한 명의 내부자가 외부인과 협력할 수 있다고 가정한다. 따라서 발전소는 직원들의 배경 조사를 하고 의심스러운 행동을 하는지 계속 주시해야 한다. 또한 발전소는 2인 제도를 도입해 혼자서는 발전소의 핵심 기관에 접근하지 못하게 할 수도 있다. 게다가 9.11 테러 이후, 미국 원자력규제위원회는 직원을 동행해야만 발전소에 접근할 수 있도록 방문자 규제를 강화하였다.

최근 들어서는 사이버 공격이 원자력발전소의 약점으로 부각되고 있다. 수십 년 동안 사이버 테러가 있었지만, 예전의 운영 체계는 아날로그 방식이었기 때문에 상대적으로 사이버 테러의 영향을 받지 않았다. 하지만 새로 건설한 원자력발전소 운영 체제가 디지털 방식으로 바뀌기 시작하면서 원자력발전소가 사이버 공격의 표적이 되고 있다. 예를 들어 2003년 1월, 오하이오에 위치한 데이비스 베세(Davis Besse) 원자력발전소 컴퓨터 통신망에 슬래퍼(slapper)라는 컴퓨터 바이러스가 침투하였다. 당시 IT 담당자가 마이크로소프트의 방어 프로그램을 설치해 놓지 않아서 발전소가 공격을 당하였는데, 다행스럽게도 발전소 통신망이 바이러스에 감염되었을 때는 발전소가 가동되지 않고 있었다. 물론 발전소 대변인은 바이러스 감염이 되었을 경우에는 아날로그 장비가 대체 역할을 하였을 것이라고 말하였다. 이에 미국 원자력규제위원회는 2002년부터 사이버 공격을 방어하기 위한 효율적 방안을 모색하는 연구 프로그램을 시작하였다.

원자력 시설의 안보를 강화하는 방법에는 무엇이 있을까?

최근 들어 원자력업계는 다수의 안보 강화 조치를 만들었다. 일반적으로 원자력발전소는 심층방어안보체계를 가지고 있어서 외부 침입자가 발전소의 핵심부에 이르기 위해서는 겹겹의 보안 장치를 통과해야 한다. 경비요원들의 훈련과 출입 통제도 강화되었다. 가장 중요한 것은 9.11 테러 이후 당국이 설계기준위협평가를 수정하였다는 점이다. 그럼에도 불구하고, 정부 조사관과 전문가들은 우려를 표명하며 설계기준위협평가가 더 강화되어야 한다는 의견을 제시하였다. 그러나 2009년 1월, 미국 원자력규제위원회는 이러한 건의서를 부결시켰다. 투표 결과는 2대 2였는데 원자력규제위원회의 투표 규정에 따르면 동수 득표를 받은 건의서는 부결된다.(당시에는 백악관이 가부 동수 투표를 막을 수도 있었던 다섯 번째 위원을 아직 임명하지 않아서 임명된 다섯 위원 중 네 명만 투표에 참석하였다.) 당시 원자력규제위원회 의장인 크레인(Dale Klein)은 안보 조치에 대한 정부 평가가 끝난 뒤 투표에 대하여 재논의도 가능하다고 이야기하였다. 몇 년 전 미국의 회계감사원은 원자력규제위원회가 설계기준위협평가 수정 과정을 개선하고, 무력대응 검사계획을 더욱 강화할 수 있게 시책을 평가하고 수행할 것을 권고하였다. 특히 이 프로그램은 경비요원들에게 계획된 훈련에 대해 너무 많은 사전 경고와 정보를 주는 것으로 나타났다. 반면에 불시의 훈련은 발전소 운영을 위험에 빠뜨릴 수 있다. 그렇지만 한편으로는 계획된 무력 대응 훈련의 세부사항을 너무 많이 알려줄 경우 경비요원의 역량을 적절하게 평가하기 어렵다. 감시단체 '정부 감독에 대한 프로젝트(The Project on Government Oversight)'는 수백 명의 안보 감독관들과 인터뷰를 하고 "안보 문화에 심각한 문제가 있다."라고 결론을 내렸다. 인터뷰를 한 안보 감독관의 대부분은 운영진이 안보를 충분히 진지하게 받아들이지 않는다는 걱정을 내비쳤다. 안보 실패에 대한 관대한 처분은 안보문화를 약화시킬 수 있다. 예를 들어 미국 원자력규제위원회는 경비요원이 임무 수행 중 취침을 한 것에 대해 엑셀론(Exelon)에 겨우 65,000달러의 벌금을 부과하였는데, 이 사건을 조사하는 데에는 거의 500,000달러를 사용하였다.

안전과 안보팀은 긴밀한 연계 하에 설계기준위협평가에 명시된 약점에 대응하기 위한 방어책을 개발하고 수행해야 한다. 설계기준위협평가는 정보국으로부터 자주 조언을 받아 공격 가능성이 있는 자들에 대한 최신 정보를 획득해야 한다. 비행기 충돌에 대한 방지책에 관해서, 2009년 2월 미국 원자력규제위원회는 새 발전소 시설들이 대형 비행기에 의한 충돌을 얼마나 잘 견뎌낼 수 있는지를 평가해야 한다는 규정을 발표하였다.

Q

원자로에 어떤 군사적 공격이 있었는가?

『적의 무기로서 원자력발전소: 인식 못한 군사 위험(Nuclear Power Plants as Weapons for the Enemy: An Unrecognized Military Peril)』을 쓴 램버그(Bennett Ramberg)에 의하면, 정부는 적의 전력생산체계를 손상시키고, 핵무기 제조용 물질을 만들지 못하게 하고, 혹은 방사성 물질로 상대방의 영토를 오염시키기 위하여 자국의 군사력으로 적의 원자로를 공격하려고 할 수 있다. 중동은 핵무기용 플루토늄을 생산할 목적인 것으로 추정되는 원자로뿐 아니라 전기를 생산하는 상용 원자력발전소에 반복적인 군사 공격을 받은 지역으로 잘 알려져 있다. 예를 들어 1980년 9월 30일, 이란 공군은 프랑스가 건설한 이라크 오시라크(Osiraq) 원자로를 폭격하였다. 이 원자로의 전력 생산량은 매해 적어도 하나의 핵폭탄에 필요한 양의 플루토늄을 생산한다고 추정되었다. 그렇지만 이란의 공격은 이라크 원자로를 파괴하지 못하였다. 이스라엘이 이 일을 마무리 짓기로 결정하고, 1981년 6월 7일 공습을 감행해 이 원자로를 파괴하였다. 실제로 이라크는 이 원자로를 다시 짓지도, 폭탄 제조에 필요한 양 만큼의 플루토늄을 생산할 수 있는 다른 원자로를 건설하지도 않았지만, 제1차 걸프(Gulf) 전쟁 시기였던 1980년대부터 1991년까지 비밀리에 우라늄 농축 프로그램을 진행하였다. 이라크의 패배로 국제원자력기구 조사관들은 이라크 원자로에 접근하기가 더 수월해졌는데, 그들은 후세인의 지휘하에 있는 핵 과학자들이 우라늄 기반 핵폭탄 제조에 근접해 있었음을 확인하였다.

이를 통해 후세인은 그의 적인 이란이 플루토늄 생산 능력을 갖추게 되는 것을 막아야 된다는 교훈을 얻었다. 1980년대에 계속되었던 이란-이라크 전쟁 도중에 후세인은 그 당시 건설 중이던 이란의 부시허(Bushehr) 원자력발전소를 집중 공격하였다. 1984년 3월 24일, 이라크 전투기의 첫 폭격이 있었는데, 이 공격으로는 미미한 피해밖에 입히지 못했다. 그러나 그 후 이라크 군대는 1985년에 2번, 1986년에 1번, 1987년에 2번, 그리고 1988년에 1번 등 총 여섯 번의 공격을 더 감행하였다. 계속된 공격은 건설 중이던 두 원자로 중 하나에 심각한 타격을 입혔다. 2007년에는 이스라엘이 시리아에 있는 핵 시설로 의심되는 건물을 폭격으로 파괴하였다. 미국 정부는 시리아가 핵무기급 플루토늄을 생산하는 북한 연변의 원자로와 동일한 또는 이와 유사한 종류의 연구용 원자로를 건설하고 있었던 것으로 추정하였다. 시리아에서 북한 핵 기술자들이 자주 목격되었다고 전해지기도 한다.

Q

군사 공격으로부터 자국 핵 시설 보호를 위해 국가가 해야 할 일은?

국가는 방공시스템을 효율적으로 배치할 수 있고, 시설 경비를 강화할 수 있으며, 일부 또는 모든 시설을 공격하지 않도록 잠재적 적들과 협의를 할 수도 있다. 그러나 매우 극소수의 국가들만 자국의 핵 시설을 보호하기 위해 이러한 조치를 취하고 있다. 이란은 방공시스템을 구축하고 우라늄 농축시설 등 자국의 가장 핵심적인 시설들의 일부 혹은 전체를 땅속에 숨겼다. 1988년 인도와 파키스탄은 각국의 지정된 핵 시설에 대한 목록을 매년 교환하기로 협약을 맺었다. 이 협약은 1990년에 비준되었고, 1991년부터 교환이 이루어졌다. 이 목록은 대중에게 공개되지 않고 있으며, 모든 핵 시설이 기록되지는 않는 것으로 추정된다. 물론 이러한 협약이 군사적 공격이 일어나지 않을 것임을 보장하지는 못하지만 어느 정도 국가 간의 신뢰를 형성하는 수단은 되고 있다. 이러한 노력과 함께, 국가는 적절한 군사력을 보유하고 강한 국가와 안보 동맹을 맺음으로써 자국의 핵 시설을 보호할 수 있다.

7장

방사성 폐기물 관리

Q

방사성 폐기물에는 어떤 종류가 있고, 어떻게 만들어지는가?

방사성 폐기물에는 저준위, 중준위, 고준위의 3가지가 있다. 미국 원자력관리위원회에 의하면 '방사성 물질에 의해 오염되었거나 또는 중성자에 노출되어 방사성을 가지게 된 물질'이 저준위 방사성 폐기물이다. 이 폐기물은 보통 보호용 신발 커버, 의료 튜브, 청소용 걸레, 주사기, 오염된 실험실 동물 사체 등 매우 낮은 방사선을 방출하는 물질이다. 그러나 이름과 달리 저준위 폐기물은 원자로 압력용기 내부 부품처럼 고방사능 물질을 포함할 수도 있다. 미국 이외 많은 국가들에서 원자로 용기에서 나온 방사성 물질들인 필터 이온 교환 수지, 필터 슬러지, 침전물, 증발기 농축액, 소각로 재, 연료 외장재 등을 흔히 중준위 폐기물로 분류한다.

일반적으로 저준위 폐기물은 폐기물이 만들어진 곳에 위치한 저장소에서 붕괴한다. 중준위 폐기물은 충분히 방사성 붕괴가 일어나도록 더 오랫동안 격리 보관해야 한다. 반감기가 짧은 물질들은 보통 반감기가 30년 이하이다. 저준위 폐기물은 종종 대량으로 쌓이게 되면 허가된 저준위 폐기물 처리장으로 보내지며, 이때 정부가 승인한 안전 및 보안 요구 사항을 만족시키는 컨테이너를 이용해서 운반해야 한다.

고준위 폐기물은 원자로 내에서 핵분열 반응에 의해서 생성된다. 이 폐기물의 많은 구성 요소들은 몇 초에서 며칠까지의 짧은 기간에 붕괴하고, 나머지는 수십 년에서 수만 년에 이르는 긴 시간에 걸쳐서 붕괴한다. 고준위 폐기물의 방사성은 매우 강하기 때문에, 이를 취급할 때는 취급자와 대중의 건강을 보호하기 위하여 특별 절차를 밟아야 하며 차폐조치를 충분히 하여야 한다.

Q

사용후 핵연료의 일반적인 성분은 무엇인가?

핵연료 집합체는 18개월에서 24개월마다 상용 경수로에서 제거된다. 이 제거한 물질을 '사용후', '조사된', '사용된' 핵연료라고 부른다. 이 책에서는 일관성 유지를 위해 '사용후 핵연료'라는 표현을 사용한다. 사용후 핵연료 집합체는 무게 비중으로 95.6%의 우라늄, 0.9%의 플루토늄, 0.1%의 악티늄 원소들(아메리슘, 퀴륨, 넵투늄 등), 3.4%의 우라늄과 플루토늄의 핵분열 생성물로 이루어져 있다. 1장에서 언급한 바와 같이 핵분열 생성물 원자는 평균적으로 우라늄이나 플루토늄 원자 질량의 절반을 가지고 있다. 실제 핵분열 생성물의 질량 분포를 보면, 생성물 원자들의 반 정도는 우라늄이나 플루토늄 원자 질량의 50%보다 작고 나머지는 50%보다 약간 크다.

보통 우라늄의 98~99%는 핵분열을 하지 않는 우라늄-238이고, 나머지 대부분이 핵분열을 하는 우라늄-235이다. 전통적 연료보다 우라늄-235를 더 많이 생성하도록 설계된 고연소 연료를 사용하는 현재의 관행으로 인해 사용후 핵연료에서 우라늄-235의 농도가 1% 미만으로 감소하였다. 이와 같은 관행은 우라늄의 이용 효율을 향상시키지만, 고방사능의 핵분열 생성물을 더 많이 발생시키기 때문에 사용후 핵연료의 보관 문제를 더 어렵게 만든다.

Q

사용후 핵연료의 방사성은 얼마나 지속될까?

사용후 핵연료 집합체를 원자로에서 제거할 때 방사성 붕괴에 의하여 수십 킬로와트의 열이 발생하므로, 뜨거워진 집합체를 냉각해야 한다. 사용후 핵연료는 큰 물 저장조에 담구어 냉각하는데, 이때 물을 충분히 넣어서 사용후 핵연료 위로 수 미터의 차폐층을 제공해야 한다. 차폐층은 노동자들이 물 저장조 위를 걸어 다녀도 사용후 핵연료로부터 나오는 방사능에 노출되지 않도록 해야 한다. 사용후 핵연료는 방사능이 붕괴하여 충분히 낮은 방사성 준위가 될 때까지 최소 몇 년 동안 물 저장조에 있게 된다. 특히 5년이 지나면 방사성 붕괴에 의한 열이 약 100분의 1로 감소하며 이 시기에 사용후 핵연료가 건조 저장통으로 옮겨질 수 있다. 하지만 건조 저장통은 상대적으로 고가이기 때문에, 원자력발전소들은 보통 사용후 핵연료를 물 저장조가 여유 있는 한 더 오랫동안 보관하려고 한다. 5년 후 방사능이 1/100로 감소한 것이 보여 주듯이 사용후 핵연료 내의 대부분의 방사성 물질의 반감기는

1년보다 짧다. 다음 수백 년 동안, 가장 걱정되는 물질들은 반감기가 약 30년인 세슘-137과 스트론튬-90이다. 사용후 핵연료가 만들어진 지 수만 년이 지나면, 방사성 물질은 새로운 핵연료를 만드는 데 사용되는 우라늄 광석과 같은 수준으로 붕괴한다. 그러나 사용후 핵연료에 남아 있는 우라늄의 농도는 우라늄 원광의 우라늄 농도보다 훨씬 더 높다. 게다가 사용후 핵연료는 수만 년 후에도 여전히 플루토늄-239와 몇몇 다른 방사성 물질을 함유하고 있을 것이다.

Q 방사성 폐기물은 얼마나 위험할까?

방사성 폐기물의 위험도는 방사성 물질의 반감기, 방출되는 방사선의 종류 및 에너지, 물질이 먹이사슬이나 급수시설 등 주변 환경으로 들어갈 수 있는 경로 등에 의해 결정된다. 짧은 반감기는 방사성 물질이 빠르게 붕괴함을 의미한다. 7번의 반감기 후에는 처음 방사성 물질의 1%에 해당하는 물질만 남는다. 붕괴 생성물도 종종 방사성 물질이지만, 붕괴 계열은 안정한 물질에서 끝난다. 1장에서 논의한 바와 같이 세 종류의 주요 방사선을 침투 깊이가 짧은 것부터 큰 순서로 적으면 알파선, 베타선, 감마선이다. 알파선 방출체는 섭취 또는 흡입 시에만 신체 내부의 건강을 위협한다. 베타선 방출체는 베타선의 에너지가 매우 클 경우 신체 외부에, 특히 보호되지 않은 눈에 위험하다. 감마선 방출체는 신체 내부와 외부 모두에 위험하다. 반감기와 방사선 종류 등의 핵붕괴 특성뿐 아니라 방사성 물질의 화학적 성질에 따라서도 환경이나 인체에 미치는 영향이 달라진다. 예를 들면 물에 녹는 물질은 많은 양이 물 공급 경로로 녹아 들어가서 먹이사슬로 들어갈 경우 매우 심각한 위험요소가 될 수 있다. 스트론튬-90은 베타선 방출체이고 핵분열 생성물인데, 화학적으로 뼈의 주성분인 칼슘처럼 행동하기 때문에 뼈에 잘 스며드는 경향이 있다.

Q 사용후 핵연료는 얼마나 많이 생산되었는가?

세계적으로 약 270,000톤의 사용후 핵연료가 저장되어 있다. 사용후 핵연료의 대부분은 원자력발전소 현지에 저장되어 있는데, 이 중에서 약 90%는 물 저장조 속에 있다. 해마다 약 12,000톤의 사용후 핵연료가 440개의 원자력발전소로부터 폐기된다. 개략적으로 1/4에 해당하는 3,000톤이 재처리 시설로 보내진다. 미국은 원자력발전소가 가장 많은 국가이기 때문에 사용후 핵연료의 배출량도 가장 큰 비중을 차지한다. 매년 약 2,000톤의 사용후 핵연료가 104개의 미국 원자력발전소로부터 방출되며, 누계로 약 60,000톤의 사용후 핵연료를 가지고 있다. 대부분의 사용후 핵연료는 물 저장조에 보관되고 일부는 건조 저장통에 보관된다. 영구 저장소에 보내진 사용후 핵연료는 전혀 없다.

Q

방사성 폐기물 처리를 위한 저장 방법에는 어떤 것들이 있을까?

기본 원칙은 방사선의 노출을 최소로 하는 것이다. 방사선을 막기 위한 세 가지 기본 원칙은 노출 시간 최소화, 방사성 물질로부터의 거리의 최대화, 적절한 차폐이다. 화재, 우발적인 충격, 의도적인 공격을 버틸 수 있는 밀폐된 용기에 저장하여 방사성 폐기물을 주변으로부터 격리시킬 수 있다. 앞에서 언급한 바와 같이 사용후 핵연료를 물 저장조에 보관하면 차폐 효과를 즉각 볼 수 있으며, 건조 저장용기를 사용하면 수십 년 동안 안전하게 저장할 수 있다.

장기적으로는 지표면 아래 또는 산을 깊이 파서 만든 지하에 저장하는 것이 가장 좋은 핵폐기물 저장 방식이다. 폐기물 저장소에는 누출을 막기 위한 다양한 방지막이 고안되어 있는데, 재처리 과정 중 분리된 고준위 폐기물의 경우 방사성 물질들을 섞고 유리에 넣어 고정시켜 이른바 '유리고화 폐기물'로 만든다. 이 폐기물은 차폐된 고준위 폐기물 저장시설에 있는 통에 넣어 보관한다. 재처리하지 않은 사용후 핵연료는 부식되지 않는 스테인리스강이나 구리로 만든 용기에 넣고 밀폐하여 보관한다. 이렇게 용기를 밀폐시켜 깊은 지하 저장소에 보관할 수 있다. 저장소가 위치한 곳의 지질학적인 구조 역시 방사성 폐기물 누출 방지를 위한 천연 장애물 역할을 한다. 특히 구멍이 없는 바위는 용기에서 누출된 액체 방사성 폐기물이 저장소로부터 퍼져나가는 것을 방지한다. 또한 사용후 핵연료 통에 습기가 차는 것을 막거나 습기를 줄이기 위해 저장소에 인공 장애물인 물방울 실드를 설치할 수도 있다. 그리고 수분이 저장소에 스며들지 않도록 벤토나이트 클레이(bentonite clay)를 사용한다.

Q

다른 독성 산업폐기물과 비교하여 방사성 폐기물의 부피는 얼마 만한가?

방사성 폐기물은 산업체에서 만들어지는 전체 독성 폐기물의 용량에 비하면 매우 작다. 세계원자력협회에 의하면 핵폐기물은 전체 독성 폐기물 중 1% 미만을 차지한다. 방사성 폐기물의 약 90%는 저준위 폐기물이지만, 이것은 총 방사능의 약 1%에 지나지 않는다. 반면에 고준위 폐기물은 독성 폐기물의 극히 일부이지만 방출되는 총 방사능의 95%를 차지한다. 해마다 전 세계적으로 약 200,000세제곱미터의 저준위 또는 중준위 폐기물과 사용후 핵연료를 포함한 10,000세제곱미터의 고준위 폐기물이 만들어진다. 보통의 1,000메가와트급 원자로는 해마다 200에서 300세제곱미터의 저준위와 중준위 폐기물과 20세제곱미터의 사용후 핵연료를 만든다. 이 사용후 핵연료는 약 27톤이다. 일단 사용후 핵연료가 보관 용기에 저장되면 부피가 약 75세제곱미터가 된다. 만약 이 사용후 핵연료가 재처리될 경우 고방사능 핵분열 생성물의 유리고화 폐기물은 약 3세제곱미터가 되고 이를 저장 용기에 보관하면 약 28세제곱미터가 된다. 비교해 보면 1,000메가와트급 석탄발전소는 해마다 400,000메트릭 톤의 재를 배출한다.

Q

사용후 핵연료 저장조는 얼마나 취약한가?

미국국립과학원(NAS, National Academy of Sciences)의 2004년 연구보고서에는 "사용후 핵연료 저장조에 대한 테러리스트의 공격은 어렵지만 가능하다."라고 결론을 내리고 있다. 연구에 의하면 공격으로 인해 지르코늄 외장재에 화재가 발생하면 대량의 방사능 물질이 유출될 수 있다. 하지만 지르코늄 외장재는 공기에 노출될 때만 불이 날 것이고 따라서 저장조의 물을 뽑아내야 한다. 이렇게 물을 뽑아내는 것은 테러리스트 집단이 하기 매우 어려운 일이다. 이 연구가 진행된 이유는 2003년에 외부 전문가들이 저장조의 취약성에 대하여 우려를 표명하였기 때문이다. 외부 전문가들은 오래된 사용후 핵연료를 저장조로부터 더 안전하다고 여겨지는 건식 저장용기로 옮길 것을 권고하였다. 그러나 이러한 건식 저장용기를 구입하고 적재하는 데 개당 100만 달러 이상의 비용이 드는 데다가 원자로에서 매회 방출되는 사용후 핵연료를 저장하려면 서너 개의 건식 저장용기가 필요하다. 건식 저장용기를 보관할 건물을 건설하는 데도 추가 비용이 발생한다. 따라서 원자력발전소 소유주가 수년 동안 저장조에 보관되어 있던 오래된 사용후 핵연료를 건식 저장용기로 옮기려면 수천만 달러를 더 지불해야 할 것이다. 게다가 건식 저장용기로 옮기 때 작업자가 방사선에 노출될 위험도 있다. 미국 국립과학원은 건식 저장용기로 옮기는 것보다 더 경제적인 저장 방법을 추천하였는데, 이 방법은 저장조 내에 있는 사용후 핵연료를 재배치해서 새로 들어온 뜨거운 사용후 핵연료를 오래된 차가운 사용후 핵연료로 둘러싸는 것이다. 그렇게 하면 화재가 전파되는 것을 방지할 수 있을 것이다. 추가로, 물 분무 시스템이 잠재적인 화재 위험성을 완화시킬 수 있다. 그러나 이 시스템은 원자력발전소에 대한 철저한 비용 대비 효과 분석이 이루어진 후에야 채택될 수 있을 것이다.

Q

재처리하면 핵폐기물의 양이 감소할까?

재처리는 우라늄과 플루토늄 그리고 방사성이 없는 핵연료 외장재를 사용후 핵연료로부터 제거함으로써 고준위 폐기물량을 대폭 감소시킬 수 있다. 하지만 이 과정에서 저준위 폐기물이 추가로 생성될 수 있다. 방사성이 있는 분리된 핵분열 생성물은 다른 물질보다 훨씬 작은 공간을 점유하는데, 이러한 핵분열 생성물은 우라늄이나 플루토늄보다 훨씬 더 방사능이 강력하다. 따라서 재처리는 고준위 폐기물의 부피를 감소시키지만 방사능 위험을 대폭 감소시키지는 않는다. 따라서 이러한 고준위 폐기물은 안전한 저장 시설에 보관할 필요가 있다.

Q 원자력발전소는 석탄발전소보다 방사선 배출량이 월등히 많을까?

원자력발전소를 옹호하는 주장 중의 하나는 안전하게 가동되는 한 원자력발전소는 방사선을 배출하지 않는다는 것이다. 비교해 보면, 석탄 화력발전소는 날아다니는 재(비산회)로 방사성 물질을 방출한다. 이 물질들은 우라늄과 석탄 속에 존재하는 자연적으로 존재하는 다른 방사성 물질들로 이루어져 있다. 오크리지 국립연구소(Oak Ridge National Laboratory)에 의하면 같은 용량의 전기를 생산할 때 석탄 화력발전소에서 만들어지는 비산회는 원자력발전소보다 약 100배 더 많은 방사선을 방출한다. 포획되지 않는 한 이 비산회는 주변으로 방출된다. 날아다니는 재는 물 공급망과 먹이사슬로 스며들 수 있다. 오크리지 연구소의 측정에 따르면 석탄발전소 주변에 사는 사람은 최대 1.9밀리렘의 재방사능에 피폭된다. 하지만 이 양은 배후 방사선 평균 피폭량인 360밀리렘에 비할 수 없는 매우 작은 양이다. 따라서 석탄발전소에 의한 방사선 위험은 매우 낮다. 그렇다고 석탄발전소가 큰 위험이 없다고 말하는 것은 아니다. 석탄발전소는 막대한 양의 온실가스인 이산화탄소를 방출해서 전 세계적으로 수천 명의 석탄 광부가 죽거나 건강상 피해를 겪고 있다. 특히 노천 채광의 한 형태인 산의 상단 부분 제거 같은 채굴 관행은 환경에 엄청난 영향을 미치고 있다. 게다가 이산화황과 질소 산화물을 포획하지 않는 석탄발전소는 미국 동부지역의 경우처럼 산성비를 악화시켜 숲을 황폐화시킨다. 이런 기체들의 방출을 제한하기 위하여 1990년대에 탄소배출권거래제 시스템이 도입되었다. 이 방출물들, 특히 이산화황은 호흡기를 손상시켜 천식을 일으킨다. 그러나 핵발전소는 이런 기체들을 전혀 방출하지 않는다.

Q

어떤 나라가 영구 핵폐기물 저장소 개설에 가장 근접하였는가?

영구 핵폐기물 저장소를 개설한 나라는 없다. 하지만 핀란드와 스웨덴 등 몇몇 국가들에서는 상당한 진전이 있다. 특히 스웨덴은 2020년 경에는 영구 저장소를 개설할 것으로 보인다. 스웨덴 정부는 저장소 선정 과정에 최대한 투명하고 많은 다양한 이익 단체들을 참여시키기로 결정하였다. 예를 들면 그린피스와 반핵 단체도 토론에 참여하였다. 지역 시민도 의견을 개진하였다. 아마도 스웨덴 정부 당국이 행한 가장 현명한 조치는 세 곳의 후보지를 두 곳으로 압축한 것으로 생각된다. 이 장소들은 모두 철저하게 평가되었는데, 이렇게 함으로써 관계 당국이 한 개 이상의 선택권을 가지게 되었고, 대중들에게 특정 장소가 미리 정해지지 않았다는 확신을 주었다. 모든 후보 지역은 자원하였으며, 지역민들이 저장소에 반대하면 시설을 받아들이지 않아도 되었다. 그러자 많은 지역사회가 안전하게만 운영된다면 저장소 유치가 많은 일자리를 제공할 수 있다고 생각하기 시작하였다.

Q

방사성 폐기물 운송은 얼마나 위험한가?

원자력업계는 50년 이상 큰 사고 없이 방사성 폐기물을 운반해왔다. 그러나 지금까지 운반된 양은 영구 저장소에 보내려고 하는 엄청난 양에 비하면 매우 작은 양이다. 특히 전체 60,000톤의 폐기물 중에서 약 3,000톤만 70개 이상의 장소로 보내어 보관 중이다. 다른 나라도 비슷한 상황이지만 미국이 가장 큰 핵 프로그램을 가지고 있으므로, 핵 폐기물 문제는 미국에서 가장 심각하다고 할 수 있다. 미국 국가연구위원회(the U.S. National Research Council)의 핵과 방사선 연구위원회(Nuclear and Radiation Studies Board)와 교통연구위원회(Transportation Research Board)는 "고속도로(작은 규모 운송)와 철도(대규모 운송)로 운송을 하는 것은 기술적인 측면에서 볼 때 현존 규정을 엄격하게 준수할 경우 안전, 건강, 환경에 가장 낮은 수위의 방사선 위험을 미치는 활동이다."라는 결론을 내렸다. 그러나 이 연구는 수십만 톤을 영구 저장소로 운반하는 '사회적 제도적 어려움'을 과소평가하였다. 전문가들은 극단적인 사고를 초래할 어떤 위험이 있는지 예상 수송로에 대한 상세한 조사가 필요하다고 권고하였다. 이런 사고에는 사용후 핵연료가 들어 있는 용기를 녹일 수 있는 강력한 화재 등이 포함된다. 많은 실험에 의하면 일반적인 고속도로 사고의 경우 저장 컨테이너가 훼손되거나 방사선이 유출될 위험은 거의 없다. 그러나 이 경로를 따라 움직이는 사람들은 방사선 노출을 걱정할 수 있다. 그리고 '재산 가치 감소, 방문객 감소, 불안 증가, 사람과 장소의 오명' 가능성 등 사회적인 위험도 중요하게 고려해야 한다.

Q

미국에서 유카 산이 영구 핵폐기물 저장소로 선정된 이유는?

1986년에 미국 의회는 네바다 주의 유카 산(Yucca Mountain)이 유일한 방사성 폐기물 처리장이라는 방사성 폐기물 저장법 개정안을 통과시켰다. 네바다 주는 상용 원자력발전소가 건설된 적이 없는 지역이다. 미국이 1개 이상의 저장소를 찾고 있었지만, 1980년대에는 유카 산이 유일한 저장소 부지였다. 의회는 이 곳의 저장 한계를 70,000톤으로 정했다. 2020년경에는 미국이 저장하고 있는 사용후 핵연료가 이 한계를 초과할 것이다. 하지만 일부 연구에 따르면 유카 산 부지는 더 많은 사용후 핵연료를 저장할 수 있다. 미국 에너지부는 유카 산의 저장 한계가 120,000톤을 상회하는 것으로 추산하고 있다. 게다가 전기전력 연구소(the Electric Power Research Institute)의 연구에 의하면, 유카 산이 법정 한계의 최소 4배에서 9배까지도 저장 가능할 수 있고 따라서 "현재 미국 원자력발전소에서 나오는 모든 폐기물을 저장할 수 있고 앞으로 최소 수십 년 동안 나올 폐기물도 저장 가능하다."

그러나 정치적인 반대로 인하여 유카 산을 저장소로 이용할 수 있는지 여부가 의문시되고 있다. 민주당이 의회 양원의 다수를 점하고 있던 2008년에는 유카 산 프로젝트 종료를 요구하는 의견이 나왔다. 2010년에 오바마 대통령과 스티븐 츄(Steven Chu) 에너지부 장관은 유카 산을 계속 사용하기 어렵다고 판단하고 전문가로 구성된 블루리본위원회(Blue Ribbon Commission)를 임명하여 다른 폐기 옵션을 평가하게 하였다. 이 위원회는 기술적인 측면뿐 아니라 정치적인 측면에서도 실행 가능한 계획을 찾아내야 할 것이다.

Q

영구 핵폐기물 저장소 문제를 어떻게 해결해야 하는가?

핵폐기물 처리 문제의 해결이 계속 지연되면 원자력에 대한 신뢰를 손상시킬 수 있다. 업계와 정부는 대중을 보호할 책임이 있다. 예를 들면 미국 원자력관리위원회는 안전한 핵폐기물 처리를 위해서 명확한 처리경로를 보여 주는 핵폐기물 신뢰 규정을 발간해야 한다. 특히 미국 연방정부는 법에 의해서 영구 저장시설을 만들 의무가 있다. 미국이 유카 산을 이용할 수 없을 가능성과 앞으로 최소 수십 년간 영구 저장 시설이 없을 가능성을 염두에 두고 시민단체들은 미국 정부를 계약 위반으로 고소하고 폐기물 처리를 위해 지불된 수십억 달러의 세금을 돌려줄 것을 요구하였다. 시민들은 원자력으로 생산되는 전기 킬로와트시당 0.1센트의 요금을 저장소 건설 자금으로 지불하고 있다.

유카 산을 이용하는 데 정치적 장애가 있지만 미국에서 폐기물 저장 문제는 처리 가능하다. 그 방법은 듀얼 트랙(dual-track) 접근법을 추구하는 것이다. 즉 1개 이상의 영구 저장소를 설치하기 위한 합의를 도출하면서, 동시에 기존 원자로 자리에 안전한 건조통 속에 가능한 한 많은 사용후 핵연료를 저장하는 것이다. 선정 과정을 투명하게 하고 저장소까지의 수송 위험이 최소인 2개 이상의 후보 지역들이 있을 것이다. 연방정부는 건조통에 임시로 저장하는 비용을 폐기물 처리 자금에서 지불해야 한다. 임시 저장과 영구 저장시설 개설 약속이 이루어지면 대중과 투자 단체가 원자력의 계속 사용에 대한 확신을 갖게 될 것이다. 장기 저장시설에 저장된 폐기물은 재처리가 안전하고 지속가능한 원자력 사용이라는 조건을 충족시킬 경우 회수하여 재처리를 할 수도 있을 것이다. 많은 국가들이 이 가능성을 고려하여 저장시설 계획을 만들고 있다.

8장

지속가능한 에너지

Q

지속가능한 에너지시스템이란?

노르웨이 전 총리인 브룬틀란(Gro Harlem Brundtland)이 대표로 있는 브룬틀란위원회(the Brundtland Commission)는 '지속가능성'을 '미래세대가 자신들의 필요를 충족시키는 능력을 손상시키지 않으면서 현재의 필요를 충족시키는 발전'이라고 정의하고 있다. 그러나 에너지 사용량은 사람들의 생존 욕구에 의해서만 달라지는 것이 아니라 지속적인 경제성장과 점점 더 많은 소비재를 얻고자 하는 생활 방식에 의해서도 달라진다. 예를 들어 유럽식 소비 행태를 가진 나라는 미국식 소비 행태를 가진 나라에 비하여 1인당 에너지 소모량이 약 절반이다. 따라서 미래의 에너지정책에 대해, 특히 원자력 에너지정책에 대해 논의할 때 우리는 품위 있는 생활수준을 보장하는 데 필수적으로 필요한 것과 아닌 것을 구분할 필요가 있다. 세계의 68억 인구 중에서 개발도상국에 살고 있는 16억 명은 전기 공급에 제약을 받거나 전혀 공급을 받지 못하고 있다. 따라서 개발도상국은 경제적 필요성을 충족시키기 위하여 더 많은 에너지를 필요로 한다.

인류가 지속가능한 발전을 하려면 그에 맞는 에너지원을 찾아내고 선택해야 한다. 현재나 가까운 미래에 선택한 에너지는 안보, 환경, 인간의 건강에 수십 년 또는 수백 년 동안 지대한 영향을 미칠 것이다.

Q

재생가능한 에너지원이란?

'재생가능한 에너지'는 다시 채울 수 있거나 고갈되지 않아서 미래 세대도 이용할 수 있는 에너지원을 의미한다. 예를 들면, 에탄올이나 바이오디젤 같은 생물 연료는 더 많은 식물을 길러서 다시 채울 수 있는 운송 연료원이다. 이런 에너지원은 이를 다시 채우는 데 이용되는 에너지가 재생가능한 에너지원으로부터 나오는 한 장기적으로 지속가능하다. 반면 화석연료는 궁극적으로는 사라질 것이기 때문에, 화석연료 사용은 완전히 지속가능한 시스템으로 가는 가교 역할만을 할 수 있다.

바람과 태양에너지도 재생가능하다고 이야기한다. 그러나 태양에너지는 해가 떠 있는 동안에만 이용할 수 있다. 바람에너지는 태양열이 대기를 가열하여야 생긴다. 태양 물리학자들은 태양이 앞으로 50억 년 동안 핵융합을 할 수 있는 수소를 가지고 있다고 추산한다. 태양이 수소 연료를 모두 사용하게 되면 헬륨 핵융합으로 전환할 것이고, 팽창하기 시작하여 태양의 바깥 부분이 결국 지구를 삼키게 될 것이다. 이렇게 되면 지구는 사람이 살 수 없게 되고 태양은 더 이상 유용한 에너지를 공급하지 않을 것이다. 50억 년은 매우 긴 시간으로 아마도 그때쯤엔 인류가 멸종되거나, 다른 에너지원을 이용하기 위해서 다른 천체로 이주하였을 것이다. 따라서 태양에너지는 사실상 재생 가능한 것으로 간주된다.

Q

핵에너지가 재생가능한 에너지 자원인가?

앞의 정의에 의하면, 지구에 존재하는 핵분열 물질과 핵융합 물질을 이용하는 원자력 에너지는 재생가능하지 않다. 지구에 있는 핵분열 반응을 할 수 있는 우라늄과 토륨의 양은 많지만 유한하다. 유사하게 핵융합 반응을 위한 중수소는 물속에 풍부하게 존재하지만 무한정 있는 것은 아니다. 식물이 생물 연료를 다시 채워주는 것처럼 우라늄, 토륨, 중수소는 재생가능한 방식으로 다시 채워질 수는 없지만, 핵분열 연료를 매우 확장시킬 수 있다. 예를 들어 앞에서 이야기한 바와 같이, 증식 원자로는 우라늄-238로 플루토늄을 만들 수 있다. 그리고 토륨은 분열성 동위원소인 우라늄-233을 생산하는 데 이용할 수 있는 핵연료 원료물질이다. 원칙적으로 우라늄-238은 핵분열 물질인 우라늄-233보다 99배 더 풍부하기 때문에, 인류가 수천 년 동안 원자력을 사용할 수 있을 만큼 핵분열 연료 공급을 획기적으로 늘릴 수 있다. 하지만 그렇게 하기 위해서는 플루토늄 연료의 경제성을 높여야 한다.

Q

핵에너지가 지속가능한 에너지시스템을 발전시키는 데 기여할 수 있을까?

원자력과 지속가능성에 대한 2007년 유럽위원회의 연구에 따르면 원자력은 지속가능하지만, 그에 대한 논쟁은 여전히 계속되고 있다. 특히 이 연구는 사용후 핵연료가 재처리되고 고속 중성자 원자로가 사용될 때만 원자력이 장기적 에너지 수요를 충족시킬 수 있다고 분석하였다. 고속 중성자 원자로들은 반감기가 긴 방사능 폐기물을 소모하고 핵분열을 하지 않는 우라늄-238로부터 더 많은 플루토늄을 생산한다. 이 새로운 플루토늄은 천연 우라늄의 99%가 우라늄-238이기 때문에 핵연료 공급을 획기적으로 확장시킬 것이다. 하지만 이것은 광범위한 플루토늄 거래를 초래할 수 있고, 핵확산 위험을 용인할 수 없는 수준까지 증가시킬 수 있다. 핵 재처리를 지지하는 사람들은 재처리 시설과 증식 원자로는 핵확산 위험이 매우 적거나 없는 국가로 제한해야 한다고 주장한다. 현재 이러한 활동은 주로 기존 핵무장 국가와 미국의 동맹국이자 비핵무장 국가인 일본으로 제한되어 있다. 재처리 사용이 증가하면 더 많은 비핵무장 국가들이 재처리에 관심을 가지게 될 것이다. 그러므로 핵확산 위험을 줄이기 위해 안보 문제를 다루는 데 더 많은 노력을 기울여야 한다.

Q

재생가능한 에너지가 핵 또는 다른 기저부하 전력원과 경쟁할 수 있을까?

현재 원자력은 신뢰성 있는 기저부하 전력을 공급하는 데 있어서 비교 우위가 있다. 앞에서 정의한 바와 같이 '기저부하 전력'은 밤과 낮 내내 지속적으로 발생하는 전력 수요를 말한다. 기저부하 이상의 전력 요구량을 '피크 전력'이라고 한다. 원자력발전소는 몇 달 동안 계속 최대 출력으로 가동하도록 설계되어 있어서 기저부하를 제공하는 데 최적이다. 석탄 화력발전소 또한 효과적인 기저부하 전력원이다. 천연가스발전소도 기저부하 전력을 공급하는 데 사용되고 있으나, 특히 추가 전력 수요를 충족하도록 빠르게 전력을 증가시킬 수 있어서 피크 전력용으로 더 적당하다.

태양열과 바람 등 비수력 재생가능에너지는 간헐적인 에너지원으로 간주된다. 태양열발전소는 태양이 비추지 않거나 구름에 의하여 차단되면 전력을 생산하지 못한다. 또한 바람 터빈의 경우 일시적으로 터빈이 멈추는 문제는 에너지 저장시스템을 이용하여 태양열과 풍력시스템으로부터 연속적으로 전력을 생산함으로써 해결할 수 있지만, 바람이 불지 않거나 바람의 속력이 최적치보다 느리면 최적 상태로 가동되지 못한다. 캠튼(Willett Kempton)이 주도한 2009년 연구에 의하면 충분한 풍력발전 기지를 연결하면 이들로부터 기저부하 전력 생산이 가능하다고 한다. 이 연구는 미국 동부해안 2,500킬로미터에 걸쳐 있는 11

개의 기상관측소마다 가상적인 대형 풍력발전 기지가 있어 이들을 연결하였다고 가정하고 5년 간의 풍력 정보를 조사하였다. 그 결과 "모든 발전소가 저출력이거나 최고 출력인 경우는 매우 드물다."라는 사실을 발견하였다. 즉 전체 발전시스템은 하나의 초대형 기저 전력원처럼 작동할 것이다. 만약 풍력을 사용가능한 위치에서 최대로 이용할 수 있다면, 현재 세계의 전기 수요의 몇 배 이상을 충족시킬 수 있을 것이다. 게다가 스마트 그리드 전력망은 간헐적인 재생가능 에너지를 더 효율적으로 이용해서 신뢰할 만한 전기 공급을 가능하게 할 수 있다.

재생가능 에너지 기술과 원자력 기술이 끊임없이 발전함에 따라 21세기 말에는 이들을 활용해서 전 세계 전기의 많은 양을 생산할 수도 있을 것이다. 훨씬 더 장기적으로 볼 때 원자력은 미래에 완전한 재생가능 에너지가 개발될 때까지 가교 기술로 역할을 하게 될 것이다. 또는 인류가 방심하지 않고 평화적인 원자력을 계속 안전하게 이용한다면 수세기에 걸쳐서 많은 국가에서 원자력발전소가 광범위하게 건설될 것이다.

원자력 재난을 막아라

1판 1쇄 인쇄 | 2014년 12월 19일
1판 1쇄 펴냄 | 2014년 12월 29일

지은이 | 찰스 D. 퍼거슨
옮긴이 | 주홍렬
발행인 | 김병준
발행처 | 생각의힘
등록 | 2011. 10. 27. 제406-2011-000127호
주소 | 경기도 파주시 회동길 37-42 파주출판도시
전화 | 070-7096-1331
홈페이지 | www.tpbook.co.kr
티스토리 | tpbook.tistory.com

공급처 | 자유아카데미
전화 | 031-955-1321
팩스 | 031-955-1322
홈페이지 | www.freeaca.com

ISBN 979-11-85585-11-6-03500